ずかん
★見ながら学習
　調べてなっとく

雲くも

武田康男 著

目次

この本の見方 …… 4

はじめに …… 6

1章 雲の正体 …… 7

雲を読む …… 8

雲を知る …… 10

雲をつくる水の循環 …… 11

雲ができるまで …… 12

雲ができる場所 …… 13

空から降るもの …… 14

高気圧と低気圧 …… 16

気団と前線 …… 18

霧 …… 20

コラム かすみとスモッグ …… 22

2章 10種雲形 …… 23

10種雲形 …… 24

巻雲 …… 26

巻積雲 …… 30

巻層雲 …… 34

ギャラリー 飛行機から見た雲 …… 38

高積雲 …… 40

高層雲 …… 44

乱層雲 …… 48

ギャラリー 夜の雲 …… 52

層積雲 …… 54

層雲 …… 58

ギャラリー 空の展覧会 PART1 …… 62

積雲 …… 64

積乱雲 …… 68

ギャラリー 空の展覧会 PART2 …… 72

チャレンジ 雲を観察してみよう …… 74

コラム ゲリラ豪雨ってなに? …… 76

3章 いろいろな雲 ... 77

雲海 ... 78

コラム　雨を降らせる雲 ... 80

ギャラリー　空の展覧会　PART3 ... 82

笠雲 ... 84

つるし雲 ... 86

ギャラリー　空の展覧会　PART4 ... 88

飛行機雲 ... 90

コラム　ロケットから生まれた雲 ... 93

コラム　人工の雲 ... 94

夜光雲 ... 96

南極の雲 ... 98

チャレンジ　定点観測してみよう ... 100

虹 ... 108

ブロッケン現象 ... 111

彩雲 ... 112

幻日 ... 114

光芒 ... 116

暈 ... 118

光環 ... 119

台風 ... 120

ギャラリー　台風 ... 124

竜巻 ... 126

雷 ... 128

コラム　気象観測最前線 ... 132

チャレンジ　天気図を読む ... 134

チャレンジ　天気図をかいてみよう ... 136

チャレンジ　雲の写真を撮ってみよう ... 138

コラム　歴史の中の空模様 ... 140

さくいん ... 142

奥付 ... 144

4章 いろいろな気象現象 ... 101

朝焼け・夕焼け ... 102

ギャラリー　空の展覧会　PART5 ... 106

この本の見方

この本では、いろいろな角度から雲を取り上げています。雲のしくみ、なぜこのような雲が現れるのか、名前の由来などを、美しい写真とわかりやすいイラストで解説します。また、ユニークな雲や雲に関わる身近な気象現象も紹介し、天気予報などの知識を学ぶときに役立つ内容も加えました。

1種類の雲を、4ページで紹介しますわ。

●雲の名前
10種雲形にもとづいて分類された雲の名前。

●名前の由来
一般的に呼ばれている雲の名前がつけられた理由や成り立ちなどを、イラストを使って紹介しています。

遥か上空を美しく舞う

巻雲

●雲の姿
その種類の雲を、もっともわかりやすい写真で紹介します。

巻雲がたくさん並んで、高い空を次々と流れてきた。

●雲のデータ
雲が現れる高さや特徴などをまとめています。

別名 すじ雲
高さ 上層5000〜13000mで発生し、少し垂れ下がる。
雲粒の種類 氷の粒(-20〜-60℃程度)
特徴 すじの形で真っ白。いろいろな形になる。

解説
巻雲はすじ雲といわれるように、すじの形が特徴です。すじ状は他の雲にない巻雲だけの形で、他の雲とまちがえることはまずありません。
雲の中では一番高い5000mから13000mの間にできますが、10000m付近でよく見られます。これはジェット機の飛ぶ高さです。
1年間を通して偏西風(地球の中緯度の上空を西から東に吹く風の帯)に乗ってやって来ることが多いのですが、夏などには積乱雲がくずれて巻雲ができることもあります。

薄くてやわらかそうな雲だね。

名前の由来
青空に刷毛ではいたような、白いすじ状の形になることから「巻雲」と名がつきました。学名はシーラスといい、ラテン語で「巻き毛」や「巻きひげ」という意味をもちます。

うすいすじ状の雲にな〔る〕
巻雲は小さな氷の粒からできていて、1程度の大きさの氷の粒が無数にあります。氷の粒は六角形の柱のような形をしていて、氷の粒を近くで見たらキラキラと輝いて、上からは真っ白に輝いて見えます。
空には、そんな氷の粒が漂って〔い〕ます。氷の粒は重いので少しずつ落ちてきて、風が弱まるので後に取り残されて、見ると斜めに垂れ下がっていますが、〔後〕ろ側へすじが伸びるように見えます。
すじがはっきりして、たくさん並んで〔い〕

ぼくたちのおしゃべりにも注目してね。

●解説
ここで紹介する雲について、特徴やでき方、マメ知識などを解説しています。

●この雲の特徴が現れるワケ
雲がその形になる理由を、そのときの空のようすなども紹介しながら解説しています。

●ギャラリー・コラム・チャレンジ

美しい雲やおもしろい雲など、雲の姿を写真で楽しむ「ギャラリー」、読んでためになる「コラム」のコーナーがあります。また、自分でやってみる「チャレンジ」のコーナーでは、雲の観察や撮影、天気図のかき方などを紹介しています。雲の種類や気象現象を紹介するページにも、ミニコラムがあります。

●バリエーション

同じ種類の雲でも、いろいろな現れ方をします。雲のバリエーションを写真で紹介しています。

すじ雲は本当に美しい巻きもののようですね。

イラストを見れば、雲の形のヒミツがよくわかるよ！

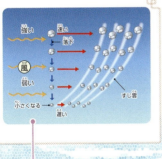

●図解

その雲のしくみを、図解でわかりやすく解説しています。

●雲の分類について

雲は、現れる高さと形から10種類に分類されます。この分類は世界共通で、10種雲形と呼ばれています。この本でも、この分類にもとづいて雲を紹介しています。

●雲について知りたい！

雲の正体や、どこでどんな雲が生まれるのかなど、雲を中心に地球上の気象のしくみについてくわしく解説しています。

●気象現象を知りたい！

雷や台風など、身近で起きるさまざまな気象現象を中心に、迫力のある写真とわかりやすいイラストを用いて紹介しています。

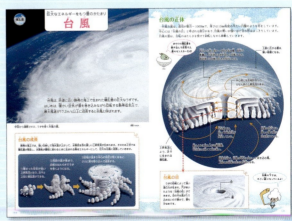

はじめに

　美しい星空やきれいな夜明けを求めて、学生時代に日本各地を旅しました。そのときは、雲がない方が、星や空がよく見えてよかったのです。天気図を書いては、快晴の場所を求めました。

　しかし、たくさんの空を見ていると、雲の美しさや面白さを知るようになりました。星空は同じものがあっても、雲は二度と同じものがないことにも気がつきました。北海道から沖縄まで、場所や季節によっていろいろな雲が見られることにも感動しました。

　日本列島は、まわりに海があるため、水蒸気量が豊富です。そして、山が多くて上昇気流が起こりやすく、世界で一番いろいろな雲ができる場所だと思います。また、季節風や海風、陸風など、さまざまな風が吹いては、雲が形を変えながら動きます。

　そして、雲から雨や雪が降って、その水で人間などの生物が生きています。太陽の光と雲があってこそ、われわれは生きられ、地球上の水は、一時的に雲という形になって、地球をめぐっているということにも気がつきます。

　近年、ヒートアイランド現象によって気温が上がった東京などでは、夏に大きな積乱雲がわいて、急に激しい雨が降ることがあります。浸水などの問題も起こっています。しかし、雲が成長するのを見ていれば、それは事前に知ることができます。

　この本の写真は、私が長い間かけて撮影してきたものです。自分で撮った写真で、雲のおもしろさを説明しています。写真を撮ったときの、場所や気温、風など、体験したことはけっこう覚えています。

　みなさんも、この本をきっかけに、自分で空を見て、雲のさまざまな形や動きを楽しんでください。そうすれば、自分で天気を予想することもできるようになります。

空の探検家　武田康男

1章 雲の正体

毎日、なにげなく見上げた空に

ぽっかりと浮かぶ雲。

でも、実は雲は空からのメッセンジャー。

雲をながめると、

そのときの空のようすがわかります。

では、雲の正体は

いったいなんでしょうか。

雲の秘密をさぐってみましょう。

雲を読む

空に浮かぶ雲には、同じ形のものはひとつもありません。でも、そのときの空の状態によって、現れる雲の種類は決まっています。雲は、空が発信しているメッセージなのです。

わき上がる空の巨人

夏の青空に、巨人が立ち上がるかのようにわき上がる積乱雲(→P68)。このとき、強い日射しで気温は上昇し、上空が冷たいために成長します。積乱雲は、かみなり雲とも呼ばれるように激しい雷雨となり、ひょうを降らせ竜巻を起こすこともある巨大なエネルギーをもつ雲です。

空の状態と雲

空でなにが起きているのか、地上から見ることはできません。でも、さまざまに姿を変えながら、四季を通じて空のようすを伝えてくれるメッセンジャーがいます。それが雲です。雲の形や大きさ、動きなどは、そのときの空の状態を示しています。雲から送られてくるメッセージを読み解くことができれば、天気の変化を予測するにも役立ちます。

積乱雲には、たくさんの雲粒がつまっている。空気の激しい動きで雲粒どうしが激しくぶつかり合っている。

発達する積乱雲。

いかにもエネルギーをためていそうな雲だね。

積乱雲は高度1万メートルぐらいまで成長し、この後は横に広がる「かなとこ雲」になる。高い上空の部分は、氷の雲粒でできている。

積乱雲の中は、ふわふわじゃなくて、嵐の中みたいに激しい状態なんだぜ！

積乱雲がもたらす雨は、長くしとしと降る細かい雨ではなく、短時間の間に雷をともなって降る、大きな雨粒の土砂降りだ。

雲を知る

もし雲に手が届いたとしても、雲をつかむことはできません。雲は、空気中の水蒸気が小さな水や氷の粒に姿を変えて、たくさん集まってできたものだからです。

雲の正体

雲は、上空の水蒸気が空気中のちりを核にして結びついてできた雲粒が、たくさん集まったものです。雲の中には氷の雲粒と水の雲粒とが存在し、1個の雲粒はごく小さいけれど、1つの雲の重さは数十トンにもなります。

雲の中のようす

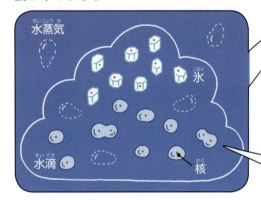

雲粒のつくり

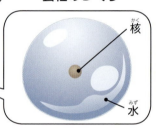

雲粒は直径が約0.02mmの球形をしています。中心の核になるのは、土ぼこりや煙のすす、海水が蒸発して残った塩など、空気中を漂う小さなちりです。

雲粒は、ボールみたいにまん丸なんだぜ。

雲をつくる水

地球上の水は、固体、気体、液体の3つの姿で存在しています。水をつくっている物質（水の分子）は、温度によって結びつき方が変わります。このうち雲になるのは、空気中に気体の形で存在している水蒸気が、温度の変化で液体（水）や固体（氷）に姿を変えたものです。

水分子

固体（氷）
ふつう、温度が0℃以下のとき、水の分子どうしの結びつきが強く、動けなくなる。すき間をあけて結びつくので体積が増える。

気体（水蒸気）
蒸発したり、熱せられて温度が100℃以上になったりすると、水の分子どうしが離れ離れになって空気中を自由に飛び回る。

液体（水）
ふつう、温度が0℃以上100℃未満のとき、水の分子どうしの結びつきが弱く、お互いのまわりを一定の間隔をおいて動き回る。

空気中の水蒸気

空気中に含まれる水蒸気の量は、気温によって決まっています。この限度量を飽和水蒸気量といい、気温が高いときは多く、低いときは少なくなります。気温が変化して空気中の水蒸気量が飽和水蒸気量を超えたとき、含みきれなくなった分は水滴に変わります。これが雲をつくる水の粒です。

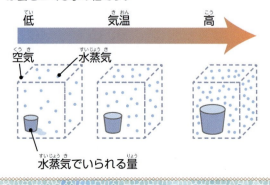

雲をつくる水の循環

地球上には、約14億km³の水が存在しているといわれています。液体の水、氷、水蒸気と姿を変えながら、絶え間なく地球を循環しています。

雲ができるまで

雲ができるためには、上昇気流が必要です。空気中の水蒸気が上昇気流に乗って上空に上り、水や氷の雲粒に変わるのです。また、核となる物質も必要で、水蒸気だけで雲粒にはなりません。

上昇気流と水蒸気とちりが、雲をつくるんだ。

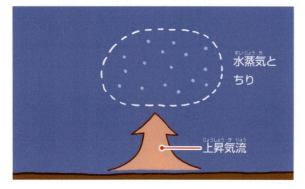

① 地上付近の水蒸気を含んだ空気が、太陽の熱で暖められる。すると上昇気流が生まれ、水蒸気は上空に上っていく。

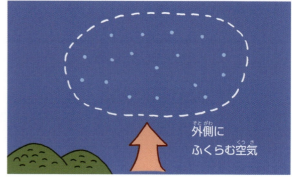

② 上空では気圧が下がる。空気には、気圧が下がるとふくらんで温度が下がる性質があるので、空気中の水蒸気が飽和状態になる。

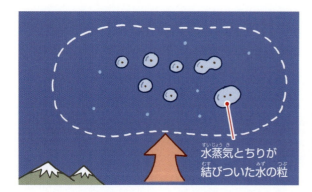

③ 空気の温度が下がって、飽和水蒸気量が少なくなる。すると、空気中に含みきれなくなった水蒸気がちりにくっついて、水や氷の粒になる。

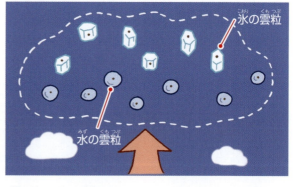

④ 水の粒が次々とできて、高い空では気温が低いので氷の粒となる。これが雲粒で、たくさんの雲粒が集まって目に見える雲の姿になる。

雲ができる場所

雲ができるのは、上昇気流が生まれる場所です。どんな場所に上昇気流が生まれるのかを見てみましょう。

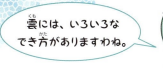
雲には、いろいろなでき方がありますわね。

① 太陽の熱で、地面が暖められた場所

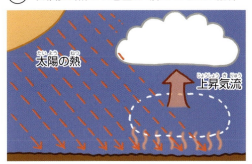

太陽から発せられる熱で地表近くの空気が暖められて上昇気流が生まれ、上空で雲が発生する。

② 温暖前線に沿った場所

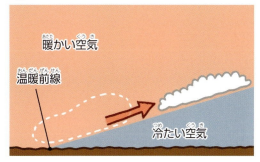

暖かい空気が冷たい空気の上に乗り上げて温度を下げながら上昇し、前線の境目に雲が発生する。

③ 寒冷前線に沿った場所

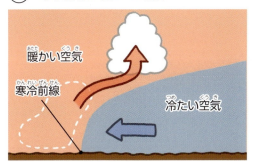

冷たい空気が暖かい空気の下にもぐり込み、暖かい空気が急角度で上昇することによって雲が発生する。

④ 山の斜面で風が当たる場所

山に向かって吹く風が斜面に沿って上っていき、高い場所で冷やされることによって雲が発生する。

⑤ 暖かい海上に冷たい空気が入る場所

しめった暖かい空気がある場所の上空に冷たい空気が入り、暖かい空気が上昇して雲が発生する。

⑥ 低気圧の中心付近

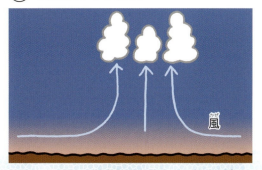

台風などを含め、低気圧に吹き込んだ暖かい風が上昇し、上空に雲が発生する。

空から降るもの

雲の中には、水の粒と氷の粒が混ざっていて、温度や湿度などの条件によって姿を変えています。雲粒が成長すると、大きく重くなり、浮かんでいられなくなって地上に降ってきます。それが雨や雪、あられ、ひょうです。

水の雲粒
空気中の水蒸気が、核となるものにくっついて水の粒になる。水の粒は－20℃くらいでも表面張力でこおらない。

大きさ比べ
- 雲粒（直径0.02mmほど）
- 霧（直径0.2mmほど）
- 雨粒（直径1mmほど）
- 大きな雨粒（直径3mmほど）

落ちる途中の氷の粒に水の粒がくっついて大きくなる。さらに粒どうしがくっついたりして、大きく成長して地上に落ちていく。

雪の結晶が融けてできた雨粒。

雨粒の大きさは、雲の高さや気温、湿度、気流などの条件によって変わる。小さな雨粒はゆっくりと落ちていく。

上昇気流
積乱雲の中では激しい上昇気流が発生する。

ひょう
氷の粒が積乱雲の中を何度も上下する間に、表面が融けたり、氷や水の粒がくっついたりして成長し、直径が5mm以上のものをひょうと呼ぶ。

大きな雨粒は、小さな雨粒より速く落ちる。空気の抵抗を受けるために、球形ではなくまんじゅうのような形になる。

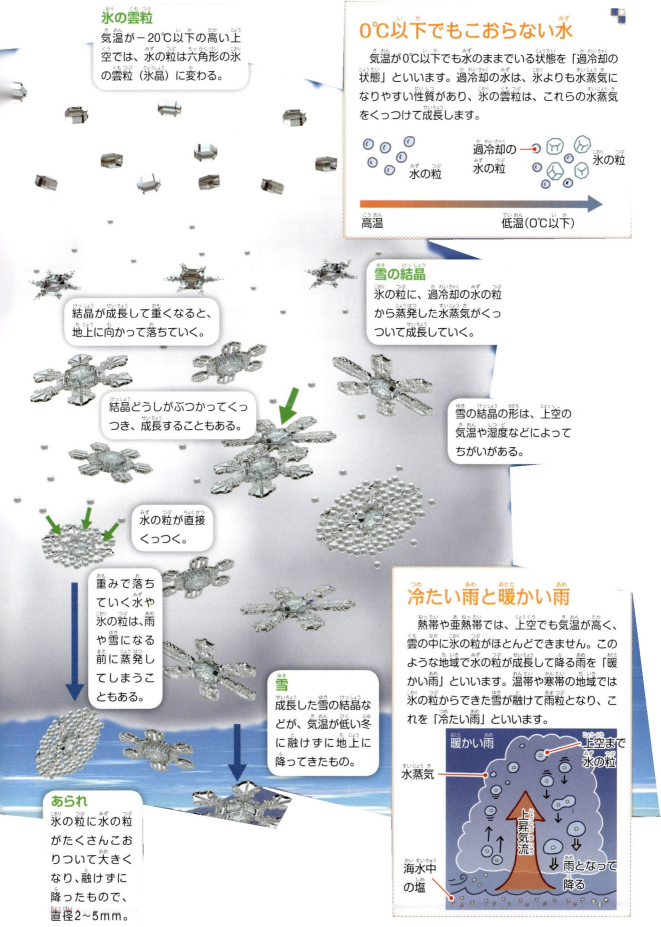

高気圧と低気圧

ふだん生活していても気になりませんが、空気にも重さがあります。空気の重さは、地上の物体をまわりから押す力となります。これを「気圧」といいます。

気圧とは何だろう？

気圧は、空気中のあらゆる物にかかっています。気圧は高いところほど弱く（気圧が低い）、低いところほど強く（気圧が高い）なります。気圧はhPa（ヘクトパスカル）という単位で表し、1気圧は1013hPaです。これは、1cm²の面積に1kgの重さがかかっているのと同じ力です。

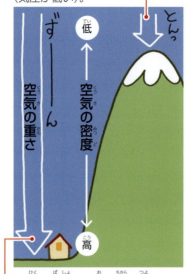

高い場所ほど押す力が弱くなる（気圧が低い）。

低い場所では押す力が強くなる（気圧が高い）。

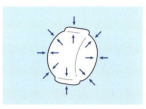

高い場所では、まわりの気圧が低くなるので袋がふくらむ。

平地では、袋の外側と内側の気圧がつりあっている状態。

高気圧と低気圧

気圧は空気の密度と関係があり、また、空気の密度は温度によって変化します。そのため、気圧はいつも一定ではなく、高くなったり低くなったりします。空気の温度が高いと空気はふくらみ、密度が低くなって軽くなります。気圧に基準はなく、まわりより気圧が高いところを高気圧、低いところを低気圧といいます。

気圧の変化と雲の動き

気圧に差ができると、気圧の高い方から低い方へと空気が流れて、上昇する気流や下降する気流が生まれます。気流は上空に雲をつくるなどして、気象現象や天気の変化をもたらします。

空気は、こんなに動いているんや！

低気圧

空気の密度が低い状態で、軽い空気は上昇気流となり、北半球では反時計回りに風が吹きこむ。地表付近の水蒸気を上空に運び雲をつくる。

高気圧

空気の密度が高い状態で、重い空気は下降気流となり、北半球では中心から時計回りに風が吹き出す。

高気圧の種類

高気圧は、でき方によって2種類あります。ふつう、どちらの高気圧のところでも雲ができにくく、天気はよくなります。

温暖高気圧（背の高い高気圧）

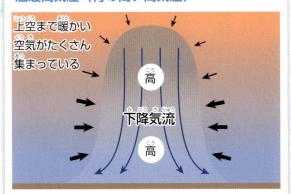

上空に集まった空気が、地表付近に降りてできた高気圧。暖かくて背が高く、上空まで高気圧になっているのが特徴。（太平洋高気圧など）

寒冷高気圧（背の低い高気圧）

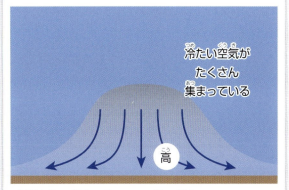

地上付近の空気が冷やされ、重い空気がたまってできた高気圧。冷たくて背が低く、上空は高気圧でないのが特徴。（シベリア高気圧など）

低気圧の種類

できるしくみがちがう2種類の低気圧があります。発生する場所が異なり、ふつう、低気圧のところでは天気が不安定になります。

温帯低気圧

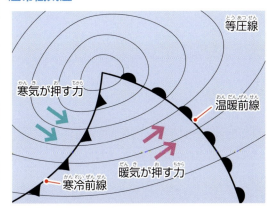

中・高緯度に発生する低気圧。寒気と暖気の境目で温度差によって生まれ、前線（→P18）をともなうのが特徴で、うずを巻いて成長する。

熱帯低気圧

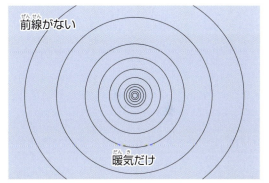

低緯度の熱帯地方の海上で発生する。太陽の熱で暖められた海上で激しい上昇気流が起きてうずを巻き、海面近くの気圧が下がる。台風（→P120）は、熱帯低気圧が発達したもの。

大荒れの天気となる低気圧

低気圧は、ときには大荒れの天気をもたらします。特に、2つの低気圧が並んで通過する二つ玉低気圧や、急激に発達する爆弾低気圧と呼ばれるものなどは、強い風や大雨をともなって、家屋の倒壊や船の事故など台風並みの被害をおよぼすことがあります。

画像：日本気象協会　tenki.jp

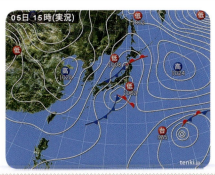

日本列島をはさむように二つ玉低気圧が発生したときの天気図。

気団と前線

温度や湿度などの性質が近い空気のかたまりを、気団といいます。気団と気団がぶつかる境目に前線ができ、前線の付近は天気が変化しやすくなります。

2種類の気団と前線

気団は、水平に広く1000km以上にわたって温度や湿度の性質が同じ空気のかたまりで、暖かい気団を暖気団、冷たい気団を寒気団と呼びます。性質のちがう気団どうしは混ざり合わないため、気団と気団の境目ができます。この面を前線面といい、前線面と地表が接しているところを前線といいます。

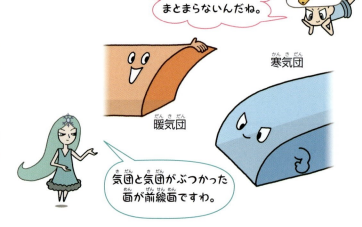

日本の天気を左右する気団

日本列島のまわりには、主に4つの気団があります。これらの気団は日本の気候に深い影響をおよぼし、それぞれの気団の勢いが変わることで、季節や天気も変化します。このほかに、赤道気団と呼ばれる気団が日本にやって来ることがあり、代表的なものが台風(→P120)です。

シベリア気団(シベリア高気圧)

日本の北西、シベリア付近の上空で発生する冷たくて乾燥した気団。冬に発達して日本に北西の季節風をもたらす。日本海を通るときに水蒸気を含み、日本海側に大雪を降らせる。

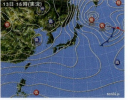

2014年1月13日の天気図。日本海側は雪が降り続いた。

オホーツク海気団(オホーツク海高気圧)

日本の北東、オホーツク海の海上で発生する冷たくてしめった気団。春から初夏と秋に発達して、暖かい小笠原気団とぶつかって梅雨前線や秋雨前線をつくる。

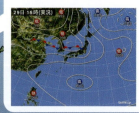

2013年7月29日の天気図。梅雨前線の影響で、北陸を中心に雨が降った。

揚子江気団(移動性高気圧)

中国の揚子江流域で発生する暖かくて乾燥した気団。春や秋に移動性高気圧となって晴天をもたらす。

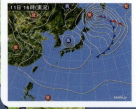

2014年4月11日の天気図。日本列島はおだやかな晴天となった。

小笠原気団(太平洋高気圧)

日本の南東の海上で発生する暖かくてしめった気団。夏に発達して、日本の夏の蒸し暑さの原因となる。

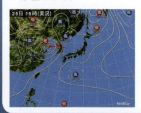

2014年7月25日の天気図。日本列島全体が猛烈な暑さとなった。

前線と雲の発生

暖かい気団は空気が軽く、冷たい気団は重くなります。性質のちがう２つの気団の境目にできる前線は、そのときの気団の勢いや動きによって変わり、大きく４種類に分けられます。前線の近くでは雲が発生しやすく、天気や気温が変化します。

寒冷前線
勢いの強い寒気団が、暖気団の下にもぐり込んだ状態。押し上げられた暖気が上空で積乱雲をつくり、前線の付近では短時間に激しい雨が降る。

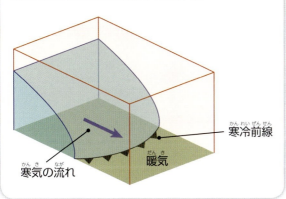

温暖前線
勢いの強い暖気団が、寒気団の上に乗り上げて上昇する状態。ゆるやかな斜面状の前線面に沿って雲が発達し、雨はしとしとと長く降る。

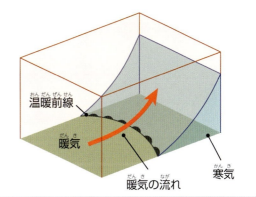

閉塞前線
温暖前線の後ろから寒冷前線がやってきて追いつき、暖気団が２つの寒気団の上に乗った状態。２つの寒気団の温度差によって、温暖型か寒冷型になる。

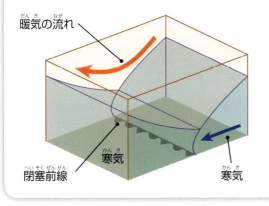

停滞前線
勢いが同じ暖気団と寒気団がぶつかり、動かない状態。暖気団は寒気団の上に乗っているので温暖前線と似た形になり、広い範囲で雨が降る。梅雨の長雨は停滞前線による。

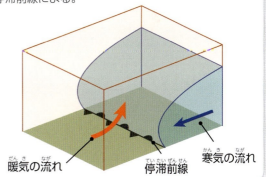

前線の記号
天気図では、４つの前線を表すそれぞれの記号が使われています。

寒冷前線

温暖前線

閉塞前線

停滞前線

霧

霧とは、地面付近に小さな水滴がたくさん浮かんでいて、1km先の物が見えない状態です。地面から離れて上昇すれば雲になります。

冷えた冬の朝、山から見下ろすと、地面に接している霧が白く見えた。

霧の正体

霧は、地面付近の気温が下がったときにできやすくなります。空気中に含みきれなくなった水蒸気が小さな水滴になって、地面付近にたくさん浮かぶことでできます。これは、上昇した空気が上空で冷やされることでできた雲と同じしくみです。

霧・濃霧・もや

もやは1km以上先が見えますが、10km以上先が見えません。霧は1km未満しか見えません。陸上でおよそ100m以下、海上で500m以下しか見えないときは、特に濃霧といいます。

湖からわいた霧が、山の斜面を上昇している。

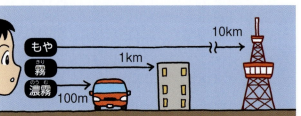

霧の種類

霧は、海や山、川などの場所や地形、または季節や時間など発生しやすい条件によって、でき方がちがいます。

蒸発霧
暖かい水面から蒸発した水蒸気が、流れ込んできた冷たい空気に冷やされて発生する。ふろの湯気と同じ原理で、蒸気霧ともいう。

放射霧
雲がなく風が弱い夜間に、地表近くの空気が冷やされて発生する。盆地でよく見られ、日の出のあとに消える。

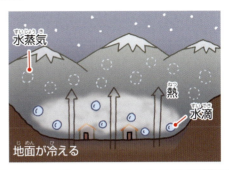

移流霧
暖かくしめった空気が冷たい水面に流れ込み、冷やされて発生する。春から夏に海でよく見られるので、海霧と呼ばれる。

滑昇霧
山の斜面に沿って上昇した空気が、気圧の低下によってふくらみ、そのときに空気の温度が下がって発生する。

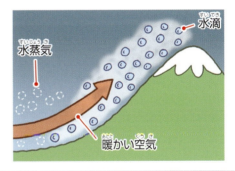

混合霧
冷たい空気と暖かい空気がぶつかり、暖かい空気が冷やされて発生する。温度のちがう2つの川が合流する場所でよく見られる。

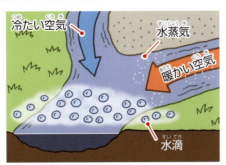

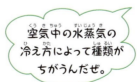
空気中の水蒸気の冷え方によって種類がちがうんだぜ。

霧が地面から離れたら層雲(→P58)になるんや。

コラム　かすみとスモッグ

晴れた空を汚して青空が見えなくなってしまう現象に、かすみ（霞）とスモッグがあります。かすみは自然にできることも多いのですが、スモッグは人間の活動による影響です。

「かすみがかった空」とは？

かすみは、空気中に小さなちりや煙などがたくさん浮かんでいて、空が白っぽく見える状態です。春に多いので、俳句などで春を表す季語になっています。気象用語ではなく、文学的な表現です。

空気が乾いているのに、遠くの景色が見えない（かすみ）。最近は、花粉や黄砂などが原因となることもある。

平安時代の『枕草子』にも、「かすみ」という言葉が出てきますわ。

smoke（煙）+fog（霧）=smog（スモッグ）

もともとスモッグという言葉はありませんでした。20世紀に入って、イギリスのロンドンで起こった空気の汚れから生まれた言葉が、世界各地で使われるようになりました。

吸い込むと病気になりそうだぜ。

モンゴルの冬は石炭の煙でスモッグが大発生する。

スモッグの発生する原因

工場や車の排気ガスからたくさんの微粒子と水蒸気が出て、それらが混ざって空が汚れます。

スモッグ／汚染物質／霧粒

2章

10種雲形

そのとき、その場所に

その雲が現れるのには、理由があります。

雲は、空の状態やでき方などによって、

大きく10種類に分類されます。

それぞれの雲ができるしくみも

あわせて見てみましょう。

10種雲形

空にどんな雲ができるのかは、空の高さや空気の状態などによってだいたい決まっていて、大きく10種類に分けられます。どんな種類の雲があるのでしょうか。

雲は分類できる

雲は、そのときの空の状態によってでき方がちがい、10種類に分類されています。まず高さによって上層雲、中層雲、下層雲、低い空から上空まで伸びる対流雲に分けられ、それぞれの高さの雲は形によって、かたまりになる雲、薄く広がる雲に分けられます。この分類を「10種雲形」といい、雲を見分けるときの基本になります。

雲の分類

区分	雲の種類	代表的な呼び名	できる高さ
上層雲	巻雲	すじ雲	上層 (5000〜 13000m)
上層雲	巻積雲	うろこ雲	
上層雲	巻層雲	うす雲	
中層雲	高積雲	ひつじ雲	中層 (2000〜 7000m)
中層雲	高層雲	おぼろ雲	
中層雲	乱層雲	あま雲	
下層雲	層積雲	うね雲	下層 (地表付近 〜2000m)
下層雲	層雲	きり雲	
対流雲	積雲	わた雲	
対流雲	積乱雲	にゅうどう雲	

名前のルール

雲の名前にはルールがあります。高い空にできる雲には「巻」、中層の雲には「高」がつきます。また、かたまり状の雲には「積」、薄く広がる雲の名前には「層」、雨を降らせる雲には「乱」がつきます。

これで雲を見分けるぜ。

積乱雲 (→ P68)

上層雲

5000〜7000m

中層雲

2000m

下層雲

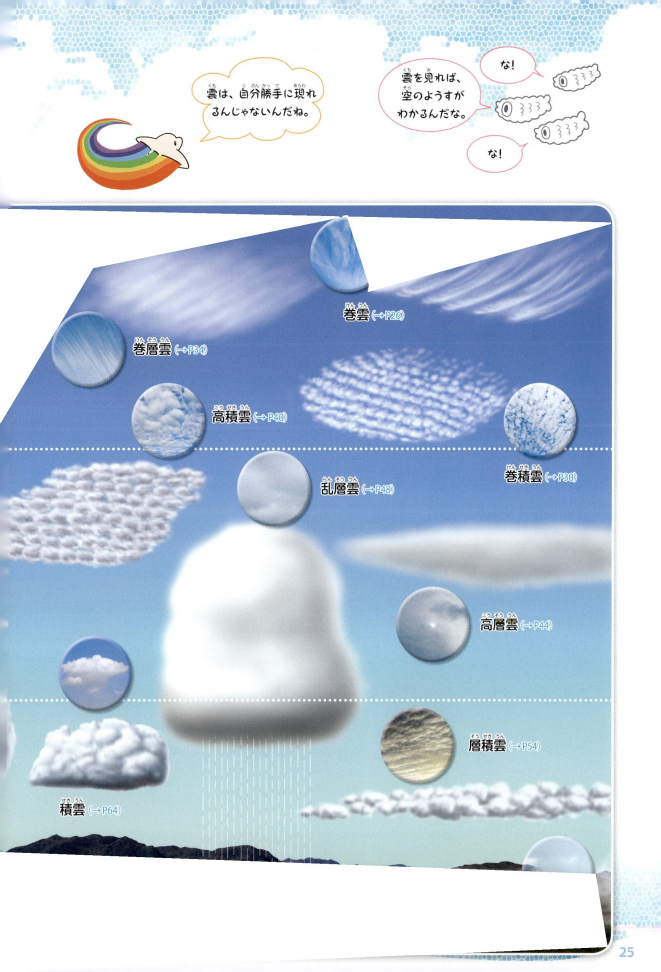

遥か上空を美しく舞う
巻雲

巻雲がたくさん並んで、高い空を次々と流れてきた。

- **別名** すじ雲
- **高さ** 上層5000～13000ｍで発生し、少し垂れ下がる。
- **雲粒の種類** 氷の粒(-20～-60℃程度)
- **特徴** すじの形で真っ白。いろいろな形になる。

薄くてやわらかそうな雲だね。

解説

　巻雲はすじ雲といわれるように、すじの形が特徴です。すじ状は他の雲にない巻雲だけの形で、他の雲とまちがえることはまずありません。

　雲の中では一番高い5000ｍから13000ｍの間にできますが、10000ｍ付近でよく見られます。これはジェット機の飛ぶ高さです。

　年間を通して偏西風(地球の中緯度の上空を西から東に吹く風の帯)に乗ってやって来ることが多いのですが、夏などには積乱雲がくずれて巻雲ができることもあります。

冬の巻雲は動きが速い。偏西風がとても強いためで、時速300kmにもなることがある。

名前の由来

　青空に刷毛ではいたような、白くて薄いすじ状の形になることから「すじ雲」と名がつきました。学名はシーラスといい、ラテン語で「巻き毛」や「縮れ毛」という意味をもちます。

すじ雲は本当に美しい巻き毛のようですわね。

うすいすじ状の雲になるワケ

　巻雲は小さな氷の粒からできていて、1mmの数十分の1程度の大きさの氷の粒が無数に集まっています。氷の粒は六角形の柱のような形をしていることが多く、この粒を近くで見たらキラキラと輝いているはずです。地上からは真っ白に輝いて見えます。

　空には、そんな氷の粒が漂って風に流されています。氷の粒は重いので少しずつ落ちてきますが、下の方では風が弱まるので後ろに取り残されていきます。真横から見ると斜めに垂れ下がっていますが、地上から見ると後ろ側へすじが伸びるように見えます。偏西風が速いほどすじがはっきりして、たくさん並んでいます。

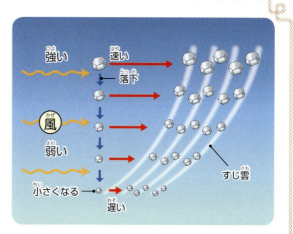

巻雲

すじの向きがはっきりしていない巻雲は、上空の風の流れが弱いため。しばらく見ていると、動く向きと速さがわかる。

月の光で雲のすじがきれいに見えるね。

巻雲は昼夜関係なくできる雲。月明かりや街明かりでこうして見えることがある。

ろっ骨状の形の巻雲。ちょっと気味悪い感じがする。飛行機雲(→P90)が成長して、垂れ下がってできることが多い。

魚の骨みたいな雲やな〜。

羽毛のように、かたまりになって浮かんだ巻雲。夏、積乱雲が消えたあと、高い空にこうした巻雲ができることがある。動きが遅い。

天気のくずれを予告する巻雲

　巻雲は、低気圧や台風がやって来るときに、一番早く知らせてくれる雲です。どちらも、高い空からしめった空気が入って来るからです。巻雲がたくさん並んで同じ方向に流れるときは、低気圧や台風が接近する可能性があります。翌日以降に低く厚い雲が広がり、雨が降るかもしれません。
　低気圧の場合はだんだん低い雲になっていきますが、台風の場合は風が吹いてきて、次に積雲が流れてきます。

巻雲が空にたくさん並んで流れてきた。明日の天気が心配だ。

真っ白な小さい雲の集まり
巻積雲

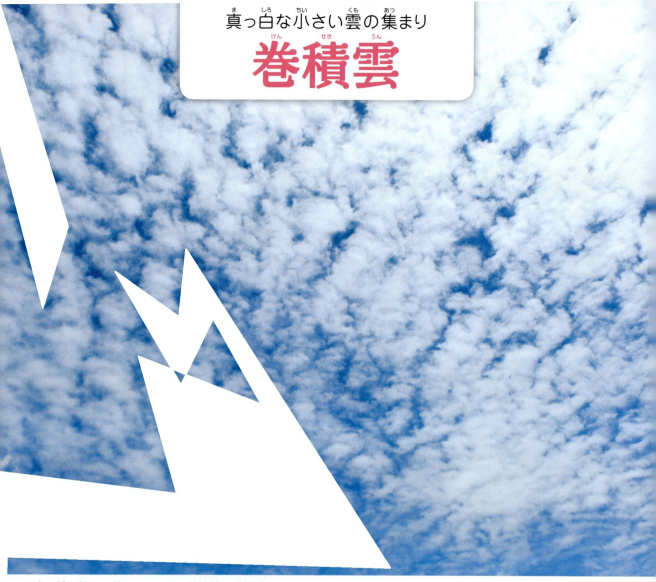

真っ白で小さな雲のかたまりの巻積雲が、空に広がってきた。

- 別名 うろこ雲、いわし雲
- 高さ 上層（5000〜13000ｍ）で発生し、巻雲よりやや低い。
- 雲粒の種類 ほぼ水の粒
- 特徴 小さな白い雲のかたまりがたくさん集まっている。

解説

巻積雲はうろこ雲といわれるように、小さなかたまりの雲がたくさん集まった形が特徴です。小さな雲の数は数えられないほどです。

巻雲と同じ上層にできますが、上層の中では低い位置にあることが多く、10000ｍを飛ぶジェット機からだとすぐ下に見えます。

巻積雲はふつう、できたり消えたりしますが、低気圧がやって来ると、空全体に広がっていきます。巻雲や巻層雲と一緒に空をおおったら、だんだん天気が悪くなっていきます。

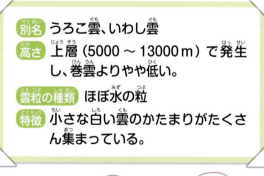

魚とよく似た模様の

な。

雲だな。

夕暮れ時は太陽の光が斜めに当たり、雲の丸みがわかりやすい。

名前の由来

魚のうろこに似ていることから「うろこ雲」と呼ばれています。イワシの大群にも見えます。また、縞模様になるとサバの背の模様にも似ているので、「さば雲」ともいいます。

英語では、サバを意味する「Mackerel Sky」という名前で呼ばれているよ。

うろこ雲ができるワケ

うろこ雲をつくる小さな1つ1つの雲は、それぞれ対流によってできています。対流の、上昇するところに雲ができます。だから小さな雲の間隔がそろっていて、雲のかたまりがくっつくことはありません。

下の方に暖かい空気があって上の方に冷たい空気があると対流が起こりますが、空の上の方ではその温度差が小さいために、ゆっくりとした小さな対流になります。

巻積雲

巻積雲が消えていくときに、穴が開いたような模様になる。この形を蜂の巣状雲という。

雲全体が魚のような形で、うろこ雲の由来そのままだ。

鯉のぼりみたいな雲だぜ。

巻積雲が偏西風に流されているようす。太陽の近くで真っ白に輝く。

巻積雲は、富士山の2倍程度も高い場所にある。見上げた富士山の上を、ゆっくりと流れていた。

朝焼けや夕焼けは、ふだんよりもっと雲が立体的に見えるなぁ。

朝焼け・夕焼けが美しい

巻積雲が朝焼け雲や夕焼け雲になると、とても美しいです。高い空にあるので、早くに朝焼けとなり、夕焼けも遅くまで見られます。空気が澄んだときは、とても美しいながめです。

日の出直前、雲の下に赤い朝日が当たって美しい。

白く薄いベール状の雲
巻層雲

富士山の上の高い空に、真っ白で薄い巻層雲が広がってきた。

- **別名** うす雲
- **高さ** 上層5000〜13000mで発生し、少し垂れ下がる。
- **雲粒の種類** 氷の粒（−20〜−60℃程度）
- **特徴** 太陽や月の光を通す、真っ白で薄い雲。

正体は氷を散りばめたベールですわね。

解説

　巻層雲は薄いベールのように空をおおいます。真っ白で薄い雲なので、空に広がっても暗くなりません。うす雲ともよくいいます。

　巻雲と同じ高さにあり、巻雲が巻層雲に変化することがよくあります。どちらも小さな氷の粒でできているため、粒の間にすき間があって、太陽や月の光をよく通します。

　巻層雲は、低気圧が近づくときに空に広がることが多く、そのとき、雲をつくる氷の粒が、太陽のまわりに丸い日暈（→P37）をつくることがあります。

上空の風が強いときは、雲が風で伸び、このようなすだれ模様になることがある。

名前の由来

高い空に薄く広がるので、「うす雲」といいます。うす曇りというのは、巻層雲などが広がった状態です。この雲が厚くなって、空が灰色になることはありません。

ほんまに薄いベールをまとったみたいやねえ。

ベール状の雲ができるワケ

気温は上空ほど低く、10000m程度の高い空では、気温が-40℃以下になります。この気温だと、水蒸気が水滴になることはなく、すべて氷の粒になります。

巻雲や巻層雲をつくる氷の粒はやや大きく、粒と粒の間にすき間がたくさんあることから、ベール状に薄く広がります。そして、太陽の光を受けて結晶面がキラキラと輝き、真っ白に輝くのです。

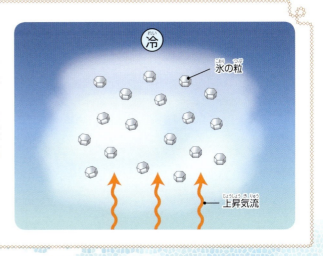

巻層雲

巻雲が成長して巻層雲になっていった。どちらかよくわからないときは上層雲といっておくとよいだろう。

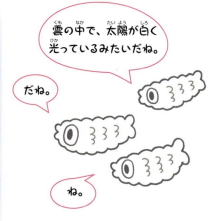

雲の中で、太陽が白く光っているみたいだね。

だね。

ね。

巻層雲の中が波状になっていた。上空の風が強くて乱れていて、天気が悪くなる傾向だ。

右手前の積雲のように、他に雲があると、巻層雲がとても高いということがよくわかる。また白く輝いていることも比べやすい。

確かに真っ白でやわらかそうな雲だね。

巻層雲と暈

巻層雲はよく暈をつくります。暈とは、太陽や月のまわりにできる、やや大きな光の環のことです。巻層雲をつくる氷の粒は、六角形の柱状の形をしていることが多く、その形で横になって浮かんでいると、中を通った太陽や月の光は22度の角度で曲がります。そのため、太陽や月から少し離れた位置に丸く光の環ができるのです（→P118）。

月暈の写真。とても淡いので、空をよく見ないと気がつかない。

日暈の写真。太陽のまわりに丸くでき、光が屈折したため、内側がちょっと赤い。

ギャラリー 飛行機から見た雲

飛行機は、ジェット機だと最高で高さ12000mの上空を飛行します。この高さからは、ほとんどすべての雲が下に見えます。上には、空気が薄くなった空が濃い青色になっています。

積乱雲 (→P68)

もくもくとしたにゅうどう雲(雄大積雲)の上を、ジェット機は猛スピードで飛行する。

積雲 (→P64)　層積雲 (→P54)

ジェット機は、雲を見下ろしながら飛ぶんだぜ！

空から見る雲は、地上から見る雲とかなりようすがちがう。島の上にはたくさんの積雲があり、その向こうには層積雲が見える。

雲が真横や真下に見えるって不思議だね。

積乱雲
(→P68)

大きな積乱雲があった。この雲の下では、落雷が起こり激しい雨になっている。

巻雲
(→P26)

飛行機から見た島。上昇気流で、島の中央の山頂付近にだけ白く積雲が輝いている。

積雲
(→P64)

国内線など、ちょっと高度が低いと巻雲がこうして上に見える。

乗る時間も大事。朝に多い雲、午後に発達する雲もありますわ。

夕日で輝く雲もおもしろいよね。

飛行機の中で空を楽しむコツ！

すわる位置
翼から離れた窓側がよい。
太陽と反対側がまぶしくない。

海上に注目→地形に注目
山や島などで雲が生まれやすい。
海上には雲の列がよくある。

写真を撮るなら
雲にピントが合うようにし、窓にカメラをなるべく近づけて撮る。

丸っこい雲の集まり
高積雲

晴れた空に、やや厚みのある丸い雲がたくさんやって来た。

- **別名** ひつじ雲（まだら雲、むら雲）
- **高さ** 中層（2000〜7000ｍ）で発生する。
- **雲粒の種類** 水の粒
- **特徴** 雲の下の方がやや灰色で、すき間から空が見える。

解説

　巻積雲（うろこ雲）よりも高さが低く、雲のかたまりがやや大きくて、雲の下の方がやや灰色で立体的に見えます。高い山のすぐ上にあり、山や高原では雲が近く感じます。太陽を高積雲が隠すと、日射しが出たり消えたりをくり返します。

　この雲は、上にも下にも成長することがありません。高積雲のすき間が青空なら天気の心配はありませんが、すき間に高い雲があると天気が悪くなることが多いです。

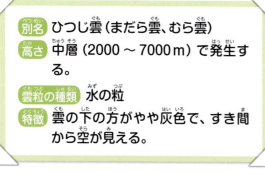

もこもこの雲の群れが広がっているね。

ね。

むら雲という名前のとおり、雲が群がっている。上空の風が強いと雲が波状になり、天気が悪くなりやすい。

名前の由来

高積雲がやって来ると、ヒツジの群れがやって来るように見えます。白くもこもこした雲の感じも、ヒツジと似ています。また、雲がまだら状になっているので「まだら雲」ともいい、群がっているので「むら雲」とも呼びます。

確かにヒツジの群れに見えるぜ。

ひつじ雲ができるワケ

うろこ雲ができる理由と似ています。下の方の空気が少し暖かく上の方が冷たい状態のとき、その間でたくさんの対流が起こり、上昇する場所で雲ができて、下降する場所では雲が消えます。空気がしめっている方が、雲ができやすいです。
高気圧からやや離れたところでひつじ雲を見ることが多く、低気圧の近くにもできますが、他の雲と一緒になってわかりにくいようです。

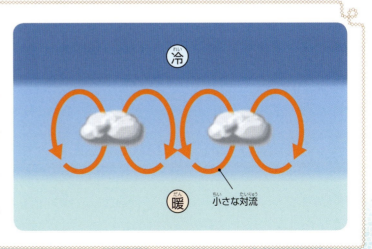

冷 / 暖 / 小さな対流

高積雲

波状の雲は、「さば雲」ともいう（さば雲は巻積雲だけではない）。風で流されて、次々と形が変わっていく。

でき方は同じなのに、全然ちがう形やね〜。

高積雲はレンズ状になることもある。上空の風が強く、風が波を打ったところに、あちこちと雲ができる。

富士山の近くには、変わった形の高積雲が出やすい。朝日に当たって黄色く輝いた。

ひつじ雲といっても、雲の形状はいろいろだ。こうした丸っこいものもある。

巻積雲は子ヒツジと覚えればよいですわね。

巻積雲との見分け方

巻積雲（うろこ雲）と高積雲（ひつじ雲）は形が似ているように見えますが、高さは巻積雲の方が2倍程度高く、雲のかたまりの大きさは巻積雲の方が小さいです。雲に灰色の影があって立体的なのは高積雲です。

右が高積雲。左の巻積雲に比べて高さが低く、雲のかたまりが大きい。

太陽をぼんやり隠す 高層雲

天気がくずれる前、空を高層雲がおおって青空が見えなくなった。

- **別名** おぼろ雲
- **高さ** 中層（2000〜7000ｍ）で発生する。
- **雲粒の種類** 水の粒
- **特徴** 空を灰色におおい、太陽や月の輝きがなくなる。

解説

　空全体にもやもやとした雲が広がり、太陽や月の光がだんだん弱くなってぼんやりと見えるようになるので、「おぼろ雲」といいます。低気圧がやって来るとき高層雲が広がることが多く、この雲が大きくなって乱層雲になると雨や雪が降ってきます。

　空は灰色になり、気持ちのよい雲ではありませんが、よく見ると雲にいろいろな模様が見られます。

うすぼんやりとした空の雲だね。

名前の由来

太陽や月は輝きがなくなり、丸い形がわかりませんが、光でその存在がわかる「おぼろ」という状態になることからこう呼ばれます。

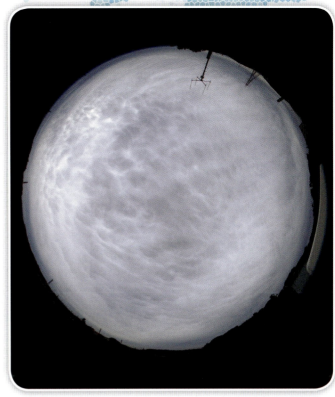

空全体を高層雲がおおった状態。雲に模様が見られ、こぶ状になっている。雨が近い感じだ。

横に広がったおぼろ雲ができるワケ

やや高い空まで、しめった空気が広い範囲でゆっくり上昇して冷やされるので、横に広がった形の雲になります。低気圧の温暖前線(→P19)の付近では、暖かいしめった風がゆるやかに上昇するため、高層雲ができやすくなります。

高く発達しないので、太陽や月の光が少し見えます。また、天気が変わりやすいときに空の一部に見えていることもありますが、はっきりした形にならないため、わかりにくい雲です。

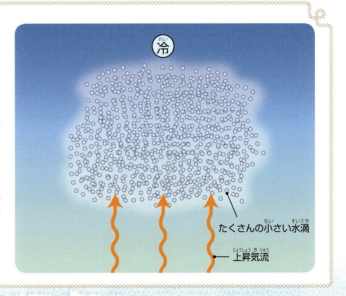

高層雲

他にも雲が混ざっているが、上の方を灰色におおっている雲が高層雲だ。雨のすじが途中で消えている。

おぼろに見える太陽。太陽の輝きが消えていき、高層雲が成長した乱層雲に変わると、雨が降ってくる。

なんとなくじめっとした空だな。

な。

空が灰色なんじゃなくて、灰色の雲におおわれているんだぜ。

全体が高層雲におおわれて、空一面が灰色になった。日中でもうす暗い感じがする。

高層雲の下に層積雲が見えている。太陽の光が隠されると、雲は白色ではなく、灰色になる。

高層雲には暈がない？

巻層雲は小さな氷の粒からできていて、その粒の中で光が屈折して暈ができます。高層雲は小さな水の粒がたくさん密集してできた雲なので、暈ができません。また、巻層雲は白く輝きますが、高層雲は灰色でやや暗くなります。

太陽が消えかかっている。高層雲は、太陽のまわりには、大きな光の輪（暈）が見られない。

しとしと雨を降らす
乱層雲

高層雲が厚く垂れ下がってくると、乱層雲となって雨が降る。

解説

高層雲が厚くなると乱層雲になります。雲が厚くなるときは、雲の下部がだんだん下がってきます。下がるとともに雨がしとしとと降ってきます。
　雲の形はわかりにくいですが、上の方にも広がっているはずです。そこは冷たくて、氷の粒ができているでしょう。氷の粒が大きくなって、融けずに降ると雪です。乱層雲は温暖前線(→P19)の近くにできることが多く、雲の範囲が広いため、やや長い時間雨になります。

- **別名** あま雲（ゆき雲）
- **高さ** 中層（2000～7000m）で発生する。
- **雲粒の種類** 水の粒（上部は氷の粒）
- **特徴** 空が灰色になって、しとしとと雨が降る。

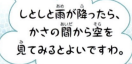

しとしと雨が降ったら、かさの間から空を見てみるとよいですわ。

雲からのすじは雨でなく、雪が降っているようだ。しかし、落下が遅いので、途中で消えてしまっている。

名前の由来

「乱」がつく雲からは雨が降るので、この名前で呼ばれます。乱層雲は、雨が降るときは「あま雲」、雪が降るときは「ゆき雲」といいます。ただし、にわか雨を降らす積乱雲もあま雲ということがあります。

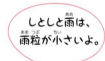

しとしと雨は、雨粒が小さいよ。

灰色のあま雲ができるワケ

低気圧の温暖前線のところでは、南側からの暖かいしめった風が、北側の冷たい空気に乗り上げていきます。そして、しめった風は広い範囲で乱層雲（あま雲）をつくり、温暖前線から北側に、200kmや300kmも離れたところまで雨を降らせることがあります。

上空はとても冷たいので、上昇した雲の水滴は、小さな氷の粒になっていきます。氷の粒ができると、まわりの水の粒から出た水蒸気や水滴がくっついて大きくなり、そのままだと雪、融けると雨が降ります。

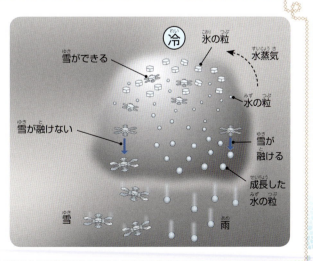

乱層雲

乱層雲の下を流れてくる小さな黒い雲が、雨が近いことを教えている。

乱層雲からは、雨も雪も降るんやね。

乱層雲から垂れ下がった雲のように見えるところでは、雪が降っている。そこに夕日が当たって、だいだい色に輝いた。

あま雲というと思い浮かぶ空だね。

乱層雲の下は濃い灰色になっている。乱層雲が空をおおうと、昼間でもうす暗くなる。

空全体がどんよりして重そうだぜ。

乱層雲から降る雨や雪は粒が小さく勢いも弱いので、風に流されて蒸発するものもある。

乱層雲から降る雨

　乱層雲から降る雨は、雨の粒が小さい方です。しとしとと、あるいはパラパラと降り、時間が経つと地面に水たまりが少しずつできるようになります。春や秋の長雨は、乱層雲が原因になることが多いです。一方、積乱雲からは、雨粒の大きな激しい雨が降ります。ゲリラ豪雨(→P76)のように一気に降ると、短時間で川があふれることもあります。

もこもこと形のはっきりした積乱雲からは強い雨。

厚く垂れこめた乱層雲からはしとしと雨。

ギャラリー 夜の雲

夜にも雲が見えます。しかし、夜の雲は太陽の光に照らされることがないので、なんとなく雲に元気がない感じです。上空や地上を吹く風が、雲をゆっくり動かしていきます。

巻層雲（→P34） 層雲（→P58）

富士山から見る高い雲は、東京方面の明かりが映って黄色く輝いていた。その明かりで、下の白い層雲も見えた。

なぜ夜に雲が見えるの？

月明かりや街の明かりが当たって、夜でも雲が見えるのです。それらの光がないと、雲は真っ黒で見ることはできません。

都市の明るい照明で、雲の凹凸まではっきりわかる。

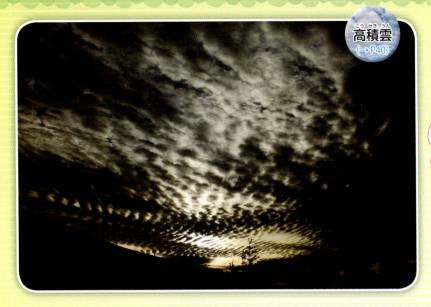

高積雲 (→P40)

月明かりで見られたひつじ雲。雲の下が黒くなり、雲の模様とともに気持ち悪さも感じられた。

> 空飛ぶドラゴンのウロコみたいやな。

巻層雲 (→P34)

高い空を月に照らされた雲が流れて行った。雲が薄いので白っぽく、星が透けて見えた。

層雲 (→P58)

> 夜の雲は、昼の雲より影がはっきり見えますわ。

風によって富士山五合目まで雲が上がってきた。昼間だったら成長するが、夜は勢いがなく下りていった。

低い空をうねうねとおおう
層積雲

冷えた朝に、こうして空に広がっていることが多い。

- 別名 うね雲、くもり雲
- 高さ 下層（地表付近〜2000m）
- 雲粒の種類 水の粒
- 特徴 かたまり状の雲が集まって低い空をおおう。

解説

　層積雲は、かなり低いところにできます。そのため、突然やってきて消えていくことがあります。この雲が急に空に広がると、暗くなって雨が降りそうだと感じることがありますが、もし降っても、とても弱い雨です。多くの場合この雲の上は晴れているため、すぐ晴天になりやすいのです。晴れの天気予報が、この雲が広がったために曇りに変わってしまうことがあるので、予報官を困らせる"忍者雲"です。高い山から見る雲海（→P78）の多くは、この層積雲です。

空に並べたみたいに雲が並んでるぜ。

うね状の雲が空をおおうワケ

空気が冷えると雲ができやすくなります。多くの場合、空気が上昇して冷えることで高い空に雲ができますが、朝など地面が冷えたときにこうした低い雲ができやすく、特に冬は層積雲が多くなります。南極の雲の多くも層積雲です。

海から冷たい風が吹いてきて、陸上に層積雲ができることもあります。太陽に照らされて気温が上がると、層積雲は消えていくことが多いです。

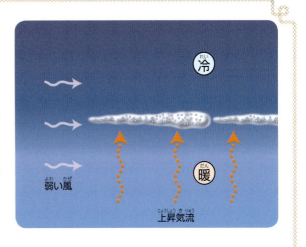

名前の由来

層積雲は、横に広がりながらもかたまりになっています。畑の畝に似ているので、「うね雲」とも呼ばれます。急に空に広がって曇ることがあり、「くもり雲」ともいいます。

あたりがやや暗くなって気温も下がる。とても弱い雨が降ることもあるが、たいていは晴れ間が出てくる。

層積雲

雲の下と上で、風の向きや速さがちがうときに、こうした縞模様をつくりやすい。気味悪く感じるかもしれない。

なんだか迫力のある雲だぜ。

すき間のない波の模様は不気味だ。海のうねりのようで、目にはわからないゆっくりした速さで動いている。

風が波を打ってレンズ雲になることがある。いつの間にか消えるので、雨の心配はない。

風に流されてきたが、空気が乾燥しているので、だんだん消えていく。

ホントにレンズが浮かんでいるみたいやな。

空に浮かぶUFO!?
レンズ雲

　層積雲や高積雲は、ときどきレンズ雲になります。上空の風が波を打って流れているときに、波の山の部分にレンズ雲ができるのです。風は吹いていますが、雲はほとんど動きません。

青空に浮かぶレンズ雲。

層雲

いちばん低い雲

朝に広く出ていた霧は、周囲に太陽が当たってくると、上昇して層雲になった。

- **別名** きり雲
- **高さ** 下層（地表付近～2000ｍ）
- **雲粒の種類** 水の粒
- **特徴** 霧が地面から離れた雲。霧雨が降ることも。

霧と層雲は、とてもよく似ていますわ。

解説

霧（→P20）は雲ではありません。それは地面に着いているからです。でも、小さな水滴が浮かんでいる状態は雲と変わりありません。その霧が上昇して地面から離れると層雲になります。霧ではないので、きり雲といいます。

霧が冷えた朝にできることが多いのと同じように、層雲も朝に多く、雨上がりなどにも見られることがあります。山間部にできやすく、平野ではあまり見られません。

層雲からは、霧雨が降ることがあります。

山では天気が悪くなるときや雨上がりなどに、こうした層雲を見ることがある。

名前の由来

空の低いところに、薄い層状に広がることから層雲といいます。また、霧のような雲ということで「きり雲」とも呼ばれています。

山道で、いつのまにか雲の中を歩いている気分になることがあるよ。

霧のような雲ができるワケ

空気中の水蒸気が飽和(最大に含んでいる状態)を超えると、水蒸気が小さな水滴となります。空気の湿度が100％に近い状態では、少し気温が下がると周囲に水滴が広がります。地面に接していれば霧、空にちょっと上がれば層雲となります。層雲ができることが多いのは、冷えた海や湖や川の近くです。

山に層雲がぶつかってくることもあります。このとき山にいれば、雲の中に入ることができますが、霧と同じだとわかります。

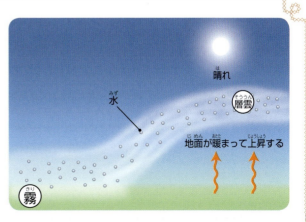

層雲

冷えた朝、湿原にできた霧。太陽が当たると、層雲にならずにすぐ消えた。

雲の中にいるみたいやね。

太陽が当たって暖まると、霧は層雲となってから消えていった。

煙が立ち昇るような雲だね。

山に層雲が次々と上がっていく。朝に見られた不思議な雲。

霧雲が広がると、周囲はちょっと暗い感じになるが、やがて晴れていく。

きり雲が山を登る？

　湖にできた霧が、朝になって山を登っていき、層雲となって消えていくことがあります。朝日が山に当たると、山が暖かくなって空気が上昇していき、それにつられて霧が登っていったのです。

　山をはい上がる層雲は、動きが速い。雲にさわれるチャンス。

ギャラリー 空の展覧会 ～PART 1～

空を見上げて、ユニークな形の雲を探しましょう。どこかで見たような、何かに似ているような雲と出会うことがよくあります。想像するだけで楽しくなりませんか？

積雲
(→P64)

富士山の横のにゅうどう雲(→P68)は、黄色い夕日を浴びて、もくもくと成長していた。

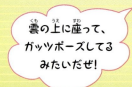
雲の上に座って、ガッツポーズしてるみたいだぜ！

うわ～、すごい迫力の巨人や！

高積雲 (→P40)

富士山で乱れた風がつくる高積雲。雲の粒は次々と、できては消えている。

白い鳥が翼を広げて飛んでいるようですわ。

高積雲 (→P40)

山を越えた風がバウンドしてできた雲。右側でだんだん消滅している。

グライダー？それともトンボ？

ちがう向きに飛ぶ飛行機でできた飛行機雲(→P90)が、交差している。

綿菓子のようなもくもくした雲
積雲

気温が高くて、日射の強い夏によく見られる。

- **別名** わた雲、つみ雲、にゅうどう雲（雄大積雲）
- **高さ** 下層（地表近く〜2000ｍ）で発生し、2000ｍを越えるものも。
- **雲粒の種類** 水の粒
- **特徴** 低い空にかたまりのように浮かんで、上に成長する。

解説

　地面や海面が暖まると、ところどころで空気が上昇する流れができます。その流れが上空で冷えると積雲ができ、あちこちで同じような大きさと形のものが見られます。

　上昇の勢いが強いときや上空の気温が低いときは、雲はもくもくと高くなり、2000ｍを越えて中層（2000〜7000ｍ）まで上昇することがあります。そうした積雲は雄大積雲（にゅうどう雲）といい、雲の下の方が灰色になりパラパラと少し雨が降ることもあります。

夏の空でよく見る雲だね。

海上に並んだ積雲。風が吹いていると、こうして並ぶことがある。

名前の由来

雲を積み上げるように成長するので積雲といいますが、形を表現した「わた雲」の方が子どもに親しみやすく、よく使われます。

綿が浮かんでるみたいだな。

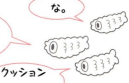な。クッションみたいだな。

もこもこしたわた雲ができるワケ

暖まった地面や海面から勢いよく上昇した空気が積雲をつくるため、上の方に丸みができた形になります。雲の下の方は、ある高さから雲ができるため平らになっていることが多いです。

こうしたあんパンのような形が基本ですが、綿菓子のような形にもなり、さらに上昇する勢いが強いと、上の方でいくつもの丸いこぶができます。雲の成長が速いのが特徴です。

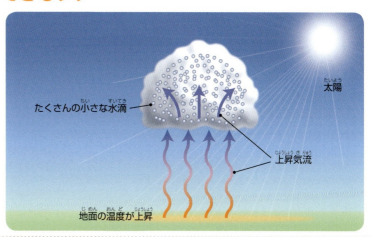

たくさんの小さな水滴 / 太陽 / 上昇気流 / 地面の温度が上昇

積雲

悪天の前や後に、ちぎれた形の灰色の積雲が風で流されていくことがある。

「生きものみたいにムクムク動いておもしろいぜ。」

富士山などの山では空気が上昇しやすいので、昼間に次々と積雲ができる。

積雲の発達

積雲は、変化がわかりやすい雲です。晴れた日の空に積雲が浮かんでいるのを見つけたら、発達する様子を観察してみましょう。

① 積雲が空のあちこちにできた。

② ある積雲が、急に上に伸びだした。

夏の遊園地。暑さの中で積雲がわいた。
すぐに消えるので、雨の心配はない。

寒くなってくると、積雲は上に伸びず
横に広がった形になりやすい。

日射しで暖まってできた積雲だが、春はまだ気温
が低いので、これ以上は成長しない。

勢いがよく、もこもこと丸みがついた。

どんどん上に伸び、積乱雲(→P68)になる。

遠くから巨大な積乱雲が近づいてくると、恐ろしい感じがする。

- **別名** にゅうどう雲、かなとこ雲、かみなり雲
- **高さ** 下層（地表付近〜2000ｍ）で発生し、最大で16000ｍまで伸びる。
- **雲粒の種類** 下部は水の粒、上部は氷の粒
- **特徴** 背の高い雲で、雷雨や竜巻など激しい現象をもたらす。

解説

　積雲がさらに大きく成長した雲です。高さは10kmを超え、いちばん高い雲になります。積乱雲の上の方は気温がマイナスで、たくさんの氷の粒ができています。それらが高い空から落ちてきて、途中で水滴がたくさんついて成長し、雨粒がくっつき合って大きくなり大粒の雨が降ってきます。

　氷の粒の摩擦で雷（→P128）が発生し、ひょう（→P14）を降らせたり、竜巻（→P126）やダウンバースト（→P127）などの突風をつくることもあります。1つの積乱雲の寿命は1時間程度と短めです。

この雲が現れたら、雷に注意だ！

雄大積雲が並んでいて、今まさに積乱雲になろうとしている。左の2つがなるだろう。

名前の由来

"乱"がつく理由は雨が降るからです。形が坊主頭に似ているので「にゅうどう（入道）雲」、熱い鉄を打つ台に形が似ることから「かなとこ雲」、雷を起こすから「かみなり雲」ともいいます。

これが「かなとこ」だね！

上に向かって巨大に成長するワケ

積乱雲は、熱帯地方や夏の日本列島などでよく見られます。つまり、暖かいしめった空気が必要なのです。

暖かい空気は上昇し、しめっていると雲ができます。水蒸気が水滴になるときに熱を出すので、雲はさらに成長して対流圏のいちばん上（高度12〜16km程度）まで達し、それ以上は気温が高くなって上昇できないので横に広がります。これが積乱雲の独特な形の理由です。雨が降ると、雲はだんだん消えていきます。

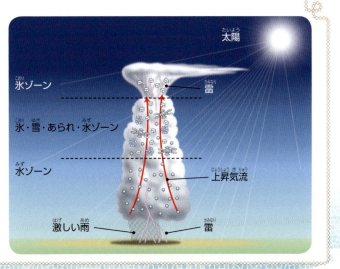

積乱雲
(せきらんうん)

雲の上の方がすじになってきたのは、冷えて氷の粒ができたから。これから激しい雨になる。

まさにかなとこ(鉄床, 金床)の形をした雲で、最も成長した姿だ。

「ぼうしをかぶったみたいな形ですわね。」

積乱雲の成長が激しいときは、上にあった空気を持ち上げるので頭巾雲ができる。

積乱雲の発達

積乱雲は1時間程度かかって、成長し衰えていきます。積雲が大きくなって、積乱雲になるところから確認しましょう。ただし、雷雨や竜巻などの可能性があるので、積乱雲が近づいたら避難することも必要です。

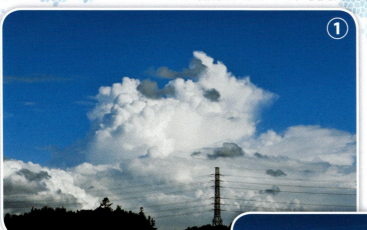

① 積雲が勢いよく成長し、上部が広がってきた。雷の音がしてきた。（成長）

積雲の上部が広がって、積乱雲になった。（発達）

どんどん形が変わるんやね〜。

②

③ 激しい雨が降るとともに雲も下がり、だんだん消えていった。（衰退）

最後は、上の部分だけが上層の雲として残った。（消滅）

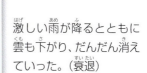

④

ギャラリー 空の展覧会 ～PART 2～

いかにも重そうな雲のかたまり、羽をふわりと広げたような雲。
今日の雲はどんな風に見えますか?

高積雲

富士山の横に現れた「つるし雲」(→P86)は、大きな円盤の形をしている。

高積雲
(→P40)

ヒヨコのような雲ができたが、すぐに消えてしまった。

UFOが浮かんでるみたいだぜ!

巻積雲
(→P30)

やわらかそうな雲だね〜。

高い空で風が乱れて、不思議な雲ができた。天気が悪くなる予感。

どうしてこんなにはっきり丸くなるのかな?

高積雲
(→P40)

富士山頂から見たら、レンズ雲(→P57)がたくさん浮かんでいた。やはり天気は悪化。

チャレンジ 雲を観察してみよう

空を見上げましょう。毎日同じ場所で見ていても、ひとつとして同じ雲はありません。でも、その雲が現れるには理由があります。いつ、どこに、どんな雲が現れるのかを観察して、その理由を探ってみましょう。

夜にも月や街明かりで雲が見える。

昼に気温が上がると雲ができやすい。

朝や夕方は雲に色がついて、高さのちがいがわかる。

飛行機雲を見ると、その後の天気の傾向がわかる。

雲は、いろんなことを教えてくれるんだね〜。

1 雲を観察しよう

雲を観察してみましょう。毎日、時間を決めて同じ場所から観察したり、いろいろな場所で空を見上げたりしてみましょう。雨や雪の日や夜でも、雲を見つけられるでしょうか？

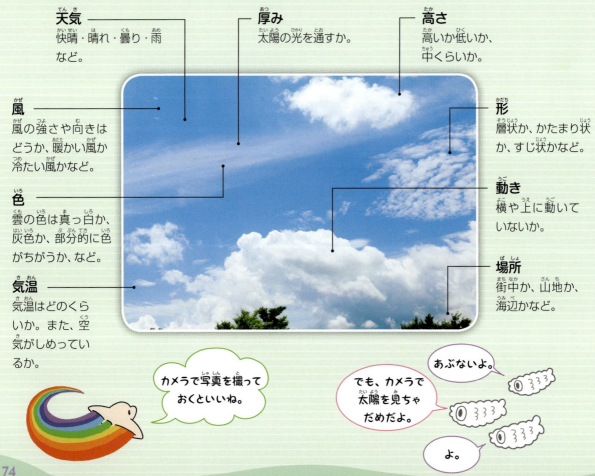

天気
快晴・晴れ・曇り・雨など。

厚み
太陽の光を通すか。

高さ
高いか低いか、中くらいか。

風
風の強さや向きはどうか、暖かい風か冷たい風かなど。

形
層状か、かたまり状か、すじ状かなど。

色
雲の色は真っ白か、灰色か、部分的に色がちがうか、など。

動き
横や上に動いていないか。

気温
気温はどのくらいいか。また、空気がしめっているか。

場所
街中か、山地か、海辺かなど。

カメラで写真を撮っておくといいね。

でも、カメラで太陽を見ちゃだめだよ。

あぶないよ。

よ。

❷ 記録をつけよう

雲を観察したら、記録をつけてみましょう。偶然見つけたおもしろい雲について調べてみたり、家の窓から定点観測して見える雲を記録したり、自分でテーマを決めてチャレンジしてみましょう。

（例１）１日に見える雲の観察
時間をおいて、どんな雲が見えるか、または天気によってどんな雲が現れるかなどを記録しよう。

午前７時。層積雲が広がっていた。

午前10時。雲は消えていき、青空が広がった。

午後１時。積雲が太陽をさえぎり、ふちが光って見えた。

午後４時。雲は消えて空がかすかに赤みを帯びてきた。

あるとべんり！
記録をつけるときには、新聞や図鑑、あればタブレットやパソコンも用意しましょう。情報を加えたり、疑問点をその場で解決したりするときに役立ちます。

（例２）雲の正体を推理する
おもしろい雲を見つけたら、雲のようすやそのときの天気や風などをチェックして、その雲の正体を推理してみよう。

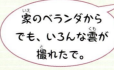
家のベランダからでも、いろんな雲が撮れたで。

❸ 調べてみよう

自分で観察できるところは、細かく記録しましょう。あとから調べるときの手がかりになります。記録できたら、いろいろな気象情報を調べてみましょう。雲は空のようすを伝えてくれています。雲を調べることで、天気の変化も予測できるようになります。

図鑑や本で調べる
図鑑では、基本的な知識を得ることができます。写真がたくさん載っている写真集などで比べてみるのもよいでしょう。

インターネットは最新の情報をゲットできるぜ。

インターネットで調べる
インターネットでは、気象庁のホームページや天気図、衛星画像などたくさんの情報をいつでも見ることができます。

新聞でチェックする
新聞には、その日の天気予報や天気図などの情報が載っています。

コラム ゲリラ豪雨ってなに？

晴れていた空に、予想もしなかった激しい雨が急に降ることを、よくゲリラ豪雨といいます。
（気象庁では、局地的豪雨といいます。）

ゲリラ豪雨の原因とメカニズム

低気圧や台風(→P120)が近づくと、だんだんと雨を降らす雲がやって来ます。ところが、晴れているのに急に積乱雲ができて、1時間程度激しい雨に襲われることがあります。

都市の気温が郊外より高くなる現象を、ヒートアイランド現象といいます。ヒートアイランド現象により都市の気温が高くなると、上昇気流による積乱雲が成長しやすくなります。猛暑日や、上空に冷たい空気がやって来たりするときによく起こります。

晴れていた東京の街を襲う、ゲリラ豪雨をもたらす積乱雲。

ゲリラ豪雨はこうして起きる
（2014年9月10日）

夕方頃、東京都内で激しい雷雨が降りました。この日は日本海北部に東に進む低気圧があり、関東上空には寒気がやって来て、その影響で大気の状態が非常に不安定になり積乱雲が急激に発達したのです。

午後3時の雨雲のようす。東京23区にはほとんど雨雲がない。

午後5時。東京23区に雨雲がかかり猛烈な雨（赤色）が降る。

午後7時。激しい雨を降らせた雲は東へ移動していった。

画像：日本気象協会　tenki.jp

ゲリラ豪雨から身を守る

ゲリラ豪雨は突然やって来るため、なかなか予測することはできませんが、前ぶれとなる現象があります。気がついたら、急いで身を守る準備をしましょう。

風が吹く
ムシムシしていたところに、急に風が吹く。

空が急に暗くなる
昼間でも夕方のように暗くなる。

雷の音が聞こえる
ひょうが降ることもある。

3章
いろいろな雲

雲は10種類に分類できますが、
場所や条件によって、
特殊なでき方をする雲もあります。
ときには、人間の暮らしによって
雲が生まれることもあります。
それらの雲について、見ていきましょう。

足元に広がる雲の海
雲海

層積雲 (→P54)

朝の富士山中腹から見た雲海。

雲海のでき方

晴れた夜に地面が冷えると、気温が下がって低いところに雲や霧(→P20)ができやすくなります。それを高いところから見ると雲海になります。

雲海に出会う条件

- **季節** 湿度の高い夏や、朝に冷える秋に多い。
- **時間** 夜にでき、早朝（太陽が出る直前）が最も濃い。朝によく見られるが、気温が上がると消えていく。
- **場所** 盆地や平野にできやすい。雲海を見るのは高い場所から。

層積雲
(→P54)

海みたいに泳げそうだね。

ハワイの高さ4200mの山から見た夕方の雲海。この山からは一日中、雲がほとんど下に見える。

層積雲
(→P54)

朝の盆地に広がる雲海。高い山の頂が雲海の上に出て、島のように見える。

層積雲
(→P54)

山を流れ落ちる滝雲

盆地などに雲海がたくさんできると、周囲の山を越えて外に流れるようになります。雲が滝のように流れ落ちるので、「滝雲」といいます。

川のように、見えますわね。

朝に盆地からあふれて、山を越えて流れる滝雲。

コラム 雨を降らせる雲

雨を降らせる雲は、ふつう乱層雲（しとしと雨）と積乱雲（にわか雨）ですが、層積雲や層雲から弱い雨が降ることもあります。ふつうの雨は直径が1mm程度ですが、大粒の雨は3mm程になります。

積乱雲（→P68)

暗い大きな積乱雲がやって来た。一部の場所にだけ、激しい雨が降っているのがわかる。

層雲と霧（→P58)

とても細かい雨だな。

霧雨はこうした層雲から降ることが多い。層積雲から弱い雨が降ることもある。

乱層雲
(→P48)

灰色の垂れ下がってきた雲から雨が降る。空が暗くなるほど、雲が厚く、雨も強くなる。

今度、雨の日に空を見上げてみようっと。

乱層雲
(→P48)

雲がやや明るくなったり、遠くに空が見えていたりしたら、雨はしだいにやんでいく。

乱層雲
(→P48)

垂れ下がっている部分で雨や雪が降っているのか。

雪はゆっくり落ちてくるので、雲からもやもやと垂れ下がって見える。

ギャラリー 空の展覧会 ~PART 3~

雲の正体は小さな氷や水の雲粒なので透きとおって見え、色はありません。しかし、空に現れる雲は、白や黒から虹色まで、彩り豊かです。

積雲（→P64）

太陽が当たると真っ白に見える雲も、
太陽が当たらなくなると黒っぽくなる。

雲にさまざまな色がついて見えることがある。彩雲（→P112）と呼ばれている。

巻積雲（→P30）

巻積雲（→P30）

白く見える雲だけじゃないんやね。

ちょっと青っぽく見える雲。雲は薄くて、粒が小さい。

高積雲 (→P40)

朝日に当たってだいだい色に見えた、変わった形の雲。

雲は何色？

雲は水や氷の粒でできているので、色はありません。粒が太陽の光をたくさん反射しているため、白く見えるのです。雲の色は、光の反射のしかたで変わります。また、たとえば厚い積乱雲などは、横から見ると太陽の光を受けて真っ白で、下から見ると黒く見えます。

積雲 (→P64)

夕日が当たった雲は、濃いだいだい色になりやすい。

真っ白だ
黒い雲だよ

積雲 (→P64)

沈んだ夕日の上で、金色にまぶしく輝く雲。

雲の帽子をかぶる山
笠雲

高積雲 (→P40)

　笠雲は、山頂付近に笠や帽子をかぶせたように現れる雲で、レンズ雲(→P57)の一種です。山頂から離れて上にできることもあれば、山頂を隠すようにできることもあります。

台風が去ったあと、しめった風が山頂を越えてつくった笠雲。

笠雲のでき方

　笠雲は、しめった風が山を越えていくときにできます。風が山に沿って上昇して雲ができ、反対側で消えていくので、雲粒は絶え間なくできては消えていきます。

笠雲に出会う条件

　笠雲は、富士山などの独立した山にできやすい雲です。北に低気圧(→P16)や前線(→P18)があり、南からしめった風が吹いてくるときなどに現れます。

富士山の笠雲は有名だよね！できやすい条件がそろっているのかな。

風や雲などから天気を予測することを「観天望気」といいますのよ。

天気を告げる笠雲

笠雲は、昔から人々に親しまれてきました。特に富士山の笠雲は特徴がわかりやすいことで有名です。それだけでなく、笠雲の姿や現れ方から、ふもとに住む人々は天気の変化を予測する目安にしてきたのです。

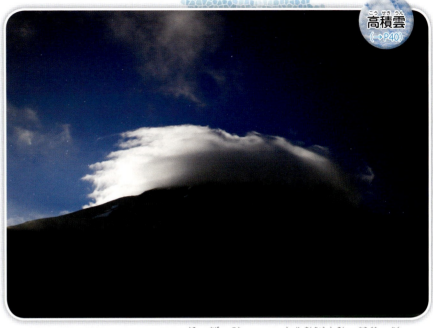

高積雲（→P40）

夜に風が強くなり、富士山頂付近は笠雲に隠れた。

いろいろな笠雲と予測される天気

つみ笠
春にできやすい。晴天が続くと予測されるが、冷たい風が吹く。

かいまき笠
秋にできやすい。雨や雪が降り、強い風が吹くと予測される。

うず笠
冬にできやすい。山のふもとで風が強くなると予測される。

前かけ笠
夏にできやすい。出るときは晴れているが、天気は下り坂になると予測される。

はなれ笠
冬にできやすい。天気は晴れになると予測される。

ふきだし笠
冬にできやすい。天気は雨になり風も強くなると予測される。

風が山を越えてできる奇妙な形の雲
つるし雲

富士山のような大きな山を越え（…）できる、不思議な形（…）です。動かないけれど、（…）っていきます。

富士山によく見られる、つばさのような形のつるし雲。

> ブーメランにも見えるね。

つるし雲のでき方

しめった風が富士山のような山を越えたあと、山の後ろ側で、山の上からの風と左右からの風がぶつかって、つるし雲ができます。

高積雲
(→P40)

富士山頂から見たつるし雲。だいたい同じ高さに見える。

つるし雲に出会う条件

つるし雲とは夏に多く出会えます。北に低気圧(→P16)や前線(→P18)があって、南の方からしめった風が入るときに出会える可能性が高くなります。また、台風(→P120)が過ぎ去ったあとにもよくできます。

空からつるしたように見えるから

な。

つるし雲っていうんだよ。

同時に見えると雨が降るって、昔の人も知っていましたわ。

右の富士山は大きな笠雲におおわれ、左に丸い大きなつるし雲が浮かんでいた。このあと、天気が悪くなる可能性が高い。

いろいろなつるし雲

つるし雲も笠雲(→P84)と同じようにいろいろな形で現れます。つるし雲が出現した後は、雨の確率が高くなります。

だ円

夏によく見られる。

えんとう

空気が、さらにしめっている。

つばさ

ブーメラン雲ともいう。

つい

風が乱れている。

笠雲とつるし雲

しめった風が山を越えるとき、山頂付近に笠雲ができて山の後ろ側につるし雲ができます。この2つの雲は親せきどうしです。

高積雲(→P40)

ギャラリー 空の展覧会 ～PART 4～

規則正しく並べたように見える雲は、空気の流れの働きによってつくり出されたものです。

層積雲（→P54）

巻積雲（→P30）

朝、うね雲がたくさん並んでいた。太陽が当たると消えていった。

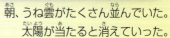

うね雲は、層積雲なんだぜ。

雲の列がきれいに並ぶのにも、ちゃんと理由がありますの。見とれてしまいますわ。

高い空に見えるこの波状雲は、このあとの悪天候を教えている。

積乱雲
(→P68)

雲が激しく上昇していて、たくさんのこぶが並んでいる。

巻雲
(→P26)

飛行機雲(→P90)も空のようすでいろいろと変わるんだね。

下は雲がろっ骨のような縞模様に並んでいる。もとは飛行機がつくった雲が、巻雲に変わった。

巻積雲
(→P30)

動物が並んでいるようなかわいい雲だが、天気の変化に気をつけたい。

人間がつくった排気ガスの雲
飛行機雲

飛行機雲は排気ガスからできていて、自然の雲の分類にはないものです。〜たことがきっかけとなって、すじ雲やうろこ雲として大きくなっていくことがあります。

空に長く伸びて、真っ白に輝く飛行機雲。

飛行機雲のでき方

飛行機は、石油と似た燃料を燃やして飛んでいます。ジェットエンジンからは、たくさんの排気ガスが出ます。排気ガスの中の水蒸気がちりにくっつき、高い空はとても気温が低いので氷の粒でできた雲になります。低い空では飛行機雲はできません。

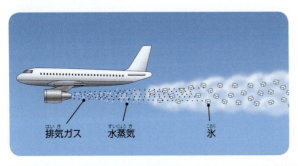
排気ガス　水蒸気　氷

飛行機雲に出会う条件

気温が低く高い空に、飛行機雲ができます。天気が悪くなる前は空気がしめっているので、飛行機雲は大きくなります。

飛行機雲がずっと残る時は、天気は下り坂なんやね。

左下の細いものが、今できつつある飛行機雲。右上の太い方は、時間が経って飛行機雲が成長したもの。

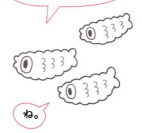

どんな状態の飛行機雲か、推理できておもしろいね。

ね。

飛行機雲がうろこ雲の中を通過してきた。雲がないところで飛行機雲をつくっているが、雲の中には暗いすじが見える。

消滅飛行機雲

雲の中を飛行機が通過することがあります。このとき、飛行機が雲のある場所の空気を動かしたことや、エンジンから出した熱が原因で、雲が消えることがあります。

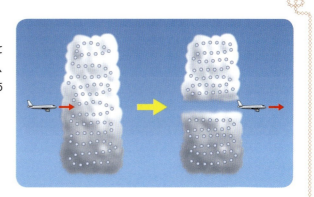

飛行機が雲を通って少し経つと、雲がだんだん消えていった。

飛行機雲

飛行機雲は、まっすぐな線じゃないんだぜ。

飛行機のエンジンのすぐ後ろに飛行機雲ができたところ。排気ガスで汚れていて、波のような模様だ。

飛行機雲で天気予報

飛行機雲をしばらく見てみましょう。すぐに消えれば天気は悪くなりませんが、だんだん太く大きくなったら、このあと天気は悪くなっていきます。

できてすぐに消えてしまう　　なかなか消えない

空気がしめっていて、飛行機雲がどんどん太くなり、ふつうの雲に成長している。まわりにも雲があって、天気が悪くなっていく。

飛行機雲が長く伸びているが、空気が乾燥しているためだんだん消えていく。ほかに雲がないので、天気はくずれない。

飛行機雲から天気予報ができるなんて、おもしろいね。

コラム ロケットから生まれた雲

2014年12月3日、鹿児島県の種子島宇宙センターから小惑星探査機「はやぶさ2」を積み込んだH2Aロケットが打ち上げられました。ロケットの後ろにはもくもくとした雲のようなものが見えました。「はやぶさ2」は、太平洋上空で切り離されたあと小惑星「1999JU3」を目指し、調査を終えて6年後の2020年に地球に帰還する予定です。

①

ロケットの後ろから水蒸気が出ているのですわね。

ロケット発射。液体燃料ロケットでは液体酸素と液体水素を燃焼させる。このときに出るのは大量の水蒸気だ。3km離れた撮影場所には、およそ9秒後に大きな音が聞こえてきた。

②

ロケットは1～2分で高く上っていき、小さな赤い点が見えるだけになった。そのあとには水蒸気が水滴になったもの、つまり雲と同じものが、真っ白い竜巻のような形に太く長く伸びていた。

③

ロケットが見えなくなったあとも白い雲が漂い、だんだん蒸発して水蒸気となり、見えなくなっていった。水素を燃料とした燃料電池自動車から出る排気ガスも、こうした水蒸気で無公害だ。

コラム 人工の雲

人間によってつくり出された雲は、飛行機雲(→P90)だけではありません。工場などの煙突から雲のようなものが生まれることがあり、花火の煙も雲のように広がります。ロケット発射でも雲のようなすじが見られます(→P93)。

京浜工業地帯の朝、工場が始まるときに煙突から次々と白い雲のようなものが上がった。

製紙工場などからは、たくさんの水蒸気が出る。特に、寒い冬は雲のようになる。

人間の活動で雲ができる!?

石油や石炭などを燃やすと、たくさんの水蒸気とちりが出るため、水滴が集まって雲のように見えます。ふつうは消えますが、わた雲に成長することもあります。

人がつくった雲だなんて、知らなかったよ。

花火からはたくさんのすすとちりが出て、それが雲のような形となって風に流される。

飛行機雲も、人がつくった雲だったよね。

どんどん長く伸びていく飛行機雲。元は排気ガスだが、そこからふつうの雲に成長することもある。

雨の種まき　人工降雨装置

　水不足の解消などの目的で、1940年代頃から世界各国で人工降雨装置の研究が進められてきました。雲の中に人工的に雲粒や氷晶を成長させ、雨を降らせようというものです。

　まわりの水蒸気と結びつきやすいヨウ化銀を燃やし、煙を雲粒の核にする方法、飛行機で空からドライアイスや液体炭酸をまいて氷晶を成長させる方法など、いくつものやり方が知られています。

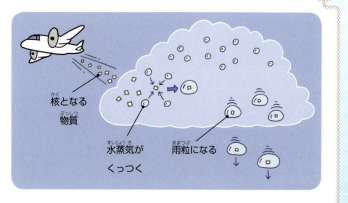

暗くなった高い空に青白く輝く 夜光雲

夜光雲は、ふつうの雲の10倍前後の高さにできます。緯度の高い地方の夏に多く見られ、暗くなった空に太陽の光が当たって青白く輝きます。日本では見られません。

北半球に多い夜光雲を、南極・昭和基地で初めて撮影した。夏の終わりの深夜に、1時間あまり現れた。

夜光雲の正体

地上からの高さ80〜90kmの上空は、大気の中で気温が最も低いところです。そこを漂う大気中のちりにわずかな水蒸気がこおって、夜光雲ができます。夜光雲は、最近増える傾向にあります。

人間が出すちりも、夜光雲を増やす原因になるのかな？

な？

高緯度の夏の夜　夜　高い空(80〜90km)
とても冷たい　冷
青白い雲
排気ガス
沈んだ太陽

宇宙から見た夜光雲

北極付近の宇宙から人工衛星によって観測された、夜間に青白く発光している夜光雲。

夜光雲は、こうして波のような模様になることが多い。強い風が吹いているようだ。

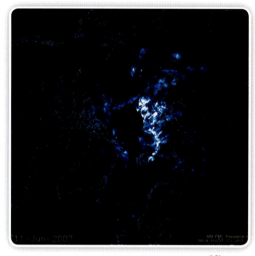

画像：NASA

宇宙には、雲のように見える現象がたくさんあるんだね。

宇宙にも雲があるの？

宇宙空間では、地球の大気中のように雲粒ができる条件がそろわないため、雲はできません。でも、宇宙には雲とよく似たものが観察されます。これらは、ガスや宇宙を漂うちりなどのかたまり、または遠くの星のかたまりなどで、地球から見ると雲のように見えるので、星雲や星団と呼ばれます。

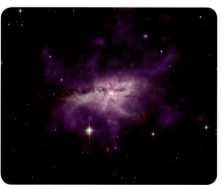

2つの銀河が衝突してできた巨大な銀河NGC6240を取り巻く、高温のガス雲。
画像：NASA

地球と同じ大きさの惑星である金星は、ほぼ二酸化炭素でできた大気でおおわれている。上空には、濃い硫酸の粒でできた雲が何kmもの厚さで広がっている。

画像：NASA

虹色に輝くオリオン大星雲。美しい色は、近くや星雲の内部にある高温で明るい星の光が当たって生まれる。
画像：NASA

金星の雲の成分は、物を溶かす硫酸だぜ！

澄んだ空に色あざやか
南極の雲

層積雲
(→P54)

南極は寒いので、積乱雲がありません。とても多いのは、低い空に広がる層積雲です。空が澄んでいるので、日中の雲は真っ白、朝夕はあざやかに色づきます。

世界で一番きれいな空にできる雲は美しい。雪や氷もきれいだ。

極地の天候の特徴

極地の天気は極端です。風もなく美しい青空が広がることもあれば、人間をも吹き飛ばすような激しいブリザードに襲われることもあります。そうした極地の天気の変化は雲のようすにも現れ、変わった形の雲ができます。また、太陽が斜めに動くので、朝焼けや夕焼けの美しい雲が長い時間見られます。

極地の雲の核は？

海が多く人間の少ない南半球は、雲の核となるちりが少なく、雪の結晶が大きくなりやすいです。核になるものは、海のしぶきが多いようです。

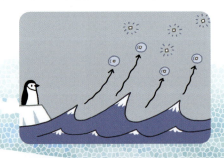

南極には彩雲(→P112)が多い。空が澄んでいることと、雲の粒がそろっているためだろう。

南極独特の極成層圏雲(真珠母雲)。高さ20km程度の上空にでき、オゾン層破壊のきっかけになる。

高積雲(→P40)

光のカーテンのような美しさですわね。

オーロラ

オーロラは、高さが100〜300km程度の空気が光ったものです。太陽から飛んできたプラズマの風が、地球という大きな磁石によって、北極と南極の周辺だけに降り注いでオーロラが光ります。昭和基地では、オーロラが多く見られます。

美しい星空の中を、ゆらゆらとオーロラの光がやって来る。オーロラは緑色が多い。

99

チャレンジ 定点観測してみよう！

空は、見るたびにちがった表情を見せてくれます。なぜなら、同じ雲に出会うことは二度とないからです。毎日同じ場所からながめてみても、飽きることはありません。

今日見た空は、二度と見ることができないんだね。

朝、かすんだ空は黄色に染まった。

高い雲と低い雲が、ちがう動き方をしている。

上空の風が強いと、波のような模様が見られる。

高い空に、うろこ雲が偏西風で流されている。

気温が高いと、わた雲が次々と生まれる。

灰色の雲が空をおおうと暗くなり、雨が近い。

4章 いろいろな気象現象

毎日の暮らしの中で出会う

いろいろな気象現象に、

雲が深く関わっていることを知っていますか?

そんな気象現象のしくみを見ていきましょう。

また、雲などの気象現象のしくみを知ると、

天気の変化を知ることができます。

天気図にもチャレンジしてみましょう。

空の条件が合うと美しい
朝焼け・夕焼け

巻層雲
(→P34)

美しい朝焼けや夕焼けの色には、感動します。空や雲の状態によって朝焼けや夕焼けはちがい、条件が良いとあざやかな色が空に広がります。

あざやかな夕焼け雲。雲の向こうから沈んだ赤い夕日が照らして色づいた。

朝焼けと夕焼けが見られるしくみ

朝焼けと夕焼けには、2つの条件があります。1つは地球に大気があること。それによって地平線近くの太陽が赤くなります。もう1つは地球が丸いこと。それによって地平線下から赤い太陽光線が、空や雲に当たるからです。

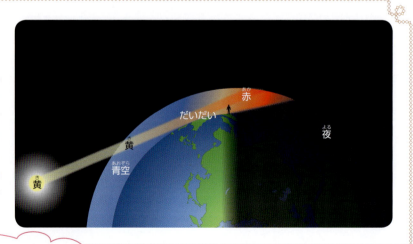

夕焼けの赤は、太陽光線の色なんだね。

ね。

特殊な条件で見られる朝焼け・夕焼け

海の上の空気は、とてもきれいです。だから、朝焼け・夕焼けの色が澄んでいるのです。極地の空にも排気ガスなどがないため、朝焼け・夕焼けがあざやかです。

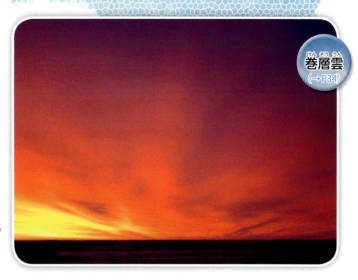

巻層雲（→P34）

南極では大気汚染がなく、水蒸気も少ないので、空が澄んで夕焼けの色が美しい。

巻積雲（→P30）

層積雲（→P54）

雲海の上の高い雲。昇る前の太陽の赤い光が雲の下から当たり、雲が赤く染まった。

空がきれいだから朝焼けや夕焼けもきれいだぜ。

美しい朝焼け・夕焼けを見るには？

雲のない澄んだ空が赤くなるだけなら、空気が乾燥して気温の低い冬や雨上がりが、よい条件となります。

また、雲が赤く染まるのを見たければ、天気が悪くなる前の朝や、天気が良くなるときの夕方が良いでしょう。

高い雲は、遅くまで夕日が当たってだいだい色に輝く。

積乱雲（→P68）

夕焼け・朝焼け

夕焼け

夕焼けは、西の空がよく晴れて、高い位置に雲があるときが特に美しいです。西の方から天気が良くなるときに、夕日がよく当たります。また、美しい高い雲は秋に多く見られます。

巻雲 (→P26)　巻層雲 (→P34)

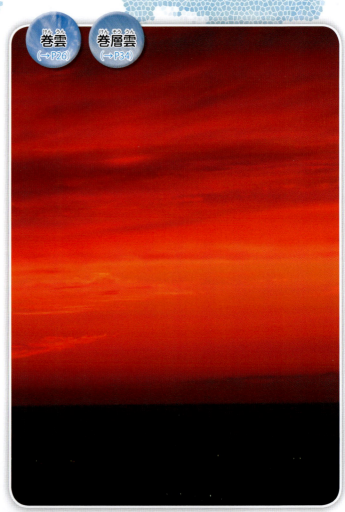

色があざやかな夕焼け雲だね。

秋の夕方、美しい夕焼け雲の光景。日本の空の美しさを感じる。

層積雲 (→P54)

低い雲の場合は、黄色が強いことが多く、見られる時間も短い。

朝焼け

快晴で澄んだ朝は、東の空の朝焼けが美しく見えます。また、西からだんだん雲がやって来て天気が下り坂のときに、朝焼け雲が広がることがあります。

澄んだ空の日の出前。東の空がだいだい色や黄色に輝きだした。

層積雲
(→P54)

天気が悪くなる前の朝焼け雲。雲が低く、だいだい色が強い。

雲全体がきれいなピンク色に染まったね。

巻雲
(→P26)

巻積雲
(→P30)

朝に高い雲が出ていると、透きとおったピンク色になる。

ギャラリー 空の展覧会 ~PART 5~

あべこべに見える雲を探してみましょう。水に映って揺れる雲は、水の中に空が広がっているように見えませんか。

層積雲 (→P54)

水路に逆さに映った夕焼け雲が絵画のようだ。

高積雲 (→P40)

富士山の巨大なレンズ雲(→P57)。
風が吹いているが、雲は動かない。

雲がどんどん大きく
なって、青空を隠して
いった。

積雲 (→P64)

穴のあいたように
見える雲や、ふくら
んだ雲もあるんや！

高積雲 (→P40)

同じ波形の雲だけど、
全然ちがって見えるな。

層積雲 (→P54)

風がゆるやかにぶつ
かってできた雲。

雲を見ると、風の
勢いもわかるぜ。

強い風がぶつかって
乱れた雲が上昇した。

空にかかる七色の帯

虹

虹は子どもから大人まで感動する、美しい現象です。出ている時間が短いので、なかなか出会うことがありません。だから、空に大きく広がって見えると得した気分になります。

空に巨大な虹がかかるとびっくりする。これは珍しい、夕方の雨の前の虹。

虹のでき方

虹は、太陽の光が雨の水滴の中で反射・屈折してできます。水滴の中に入っていく太陽の光と、出てくる虹色の光の角度が決まっているので、虹は太陽と反対側に大きなアーチとなって見られます。

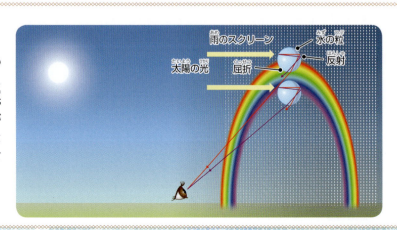

副虹の探し方

副虹は、ふつうの虹（主虹）の外側にできます。太陽の光が水滴の中で2回反射して、見える色の順番が逆になります。

外側の薄い方が副虹で、色の順番は反対だ。あまり見られない。

虹が出ていたら、まわりもよく見てね。

虹と出会う条件

低い位置に太陽が出ていて、反対側に雨が降っていることが条件です。ふつう西の方から天気が変わるので、朝に雨が降る前か、夕方の雨上がりに虹ができます。

1粒の水滴の中で、太陽の光が色分かれしていく。

1つ1つの雨粒の中が、こうなっているんだぜ。

虹が丸く見えるワケ

太陽とちょうど反対の位置（点）を中心に、角度が42度（主虹）と54度（副虹）になる円形のどこかに虹が見られます。

光の曲がる角度が決まっているので、円になるのですわね。

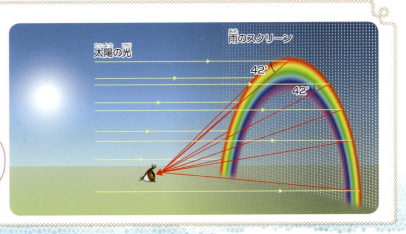

109

虹

いろいろな虹

空の状態によって、変わった虹が現れることがあります。珍しい虹を見つけたらラッキーです。

太陽と反対側に大きなアーチの虹ができた（ハワイ）。

白い虹は霧や雲にでき、七色が重なっていて太く見える。よく見ないと見のがしてしまう。

虹の内側（右下）に小さく2つ、3つ虹がくっついている。

不思議な虹やなあ。

空に浮かぶ幽霊？ ブロッケン現象

ブロッケン現象とは？

ブロッケン現象とは、霧(→P20)や雲に自分の影が映り、そのまわりに虹色の光の輪が見える現象です。山に登ったとき、朝や夕方に太陽と反対側に見え、海上や川にできることもあります。

ドイツのブロッケン山でよく見られたことから「ブロッケンの妖怪」とも呼ばれ、日本では「ご来迎」ともいいます。

霧の中でいきなり現れるとこわいぜ！

登山中、急に霧がやって来て、目の前にブロッケン現象が現れた。

霧に車のヘッドライトを当て、車の前に立つと2つの影が見えた。これもブロッケン現象だ。

ブロッケン現象に出会う条件

朝夕に山頂や尾根にいると、ときどき見られます。雲や霧が近くにあったら、その前に立つと見えてきます。

ブロッケンは自分の影なんだな。

霧がスクリーンになるんだな。

な。

美しく彩った雲
彩雲

巻積雲(→P30)

雲にさまざまな色がついて見える現象です。雲が動いていくと、色がだんだん変わります。ただし、彩雲は太陽に近いところで起こるため、気がつかない人もたくさんいます。

彩雲のでき方

雲の粒の大きさや間隔がそろっていると、波の性質をもつ太陽の光が、色ごとにちがう角度で曲がります(回折現象といいます)。それぞれ美しく色づく理由です。

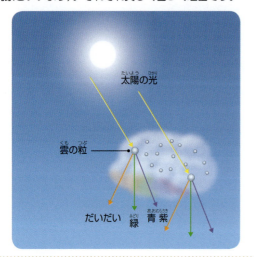

うろこ雲(→P30)が太陽に近づくと、こうして彩雲になることが多い。

雲が虹色に輝いているぜ!

彩雲に出会う条件

空が澄んでいることと、太陽の近くにうろこ雲などがやってくることが必要です。彩雲が見やすいのは、朝と夕方です。

同じ回折現象には、光環(→P119)があるよね。

巻積雲
(→P30)

太陽のすぐ近くの彩雲。見るときには、太陽を隠すか、サングラスをかけ、直接見ないようにする。

見れば見るほど美しい雲ですわ。

巻積雲
(→P30)

彩雲は同じものがない。色の現れ方や変化は、雲の形や、季節や場所によってちがってくる。

雲のふちが彩雲になっていることがある。

巻積雲
(→P30)

彩雲はおめでたい雲？

昔の人は、虹色に輝く美しい雲を、景雲、瑞雲、慶雲などと呼び、良いことが起きる前兆や縁起の良い現象と考えていました。沖縄の首里城の柱にも、彩雲が描かれています。
低い空にほぼ水平の虹が見える環水平アークなども、虹色に美しく輝きます。

太陽の左右に不思議な輝き
幻日

太陽の右や左、太陽と同じ高さに、色がちょっとついた輝きが幻日です。氷の粒でできたすじ雲やうす雲が、幻日をつくります。

幻日のでき方

雲の氷の粒が、縦方向に短い六角柱で浮かんでいるとき、太陽の光が六角柱の横の面から入って屈折し、22度曲がり、少し色分かれした光が出ます。

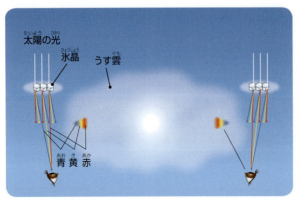

夕日の左右に見える、ちょっと色づいた光の輝きが幻日だ。

太陽に付き従う姿から「太陽の犬」とも呼ぶぜ。

幻日に出会う条件

太陽の高さが低い朝や夕方に、太陽の左右にすじ雲(→P26)かうす雲(→P34)があるときに見られます。

幻日にもいろいろな姿があるんだね。

巻雲
(→P26)

太陽が出てしばらくすると、横にあったすじ雲が幻日になった。

巻雲
(→P26)

うす雲の中に幻日の輝きが見られた。だいだい、黄、青色がわかった。

月にできる幻日

月の場合は「幻月」といいます。満月など、明るい月の両側に見えることがあります。

月の左右に、きれいに幻月が見られた。寒い地方ほど出やすい。この写真は、南極観測隊員のときに撮影した。

天使のはしごの正体
光芒

層積雲（→P54）

光芒は、雲の間などからもれた太陽の光が、すじになったりカーテン状になったり、まわりに広がるように見える現象です。

海の上にできた、雲間からもれた朝日の光芒。

光芒のでき方

空気は透明ですが、空気中に小さな水滴などがあると太陽の光を反射させて輝き、光の帯ができます。

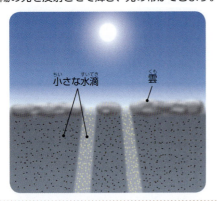

光芒に出会う条件

空気がしめっていて、たくさんの水滴が空に浮かんでいることが光芒を見る条件です。雲などのすき間から太陽の光が差し込むと、きれいな光芒ができます。

層積雲 (→P54)

桜島では火山灰がよく飛んでいる。火山灰に雲間の太陽の光が当たって、光芒ができた。

雲のすき間から、光芒が上に向かって広がることもある。朝や夕方に太陽の位置が低いときに見られる。

「天使のはしご」「天使の階段」とも呼ばれるよ。

積雲 (→P64)

遠くの雲が波のような形になっていると、そのすき間から光芒が並んで空に広がる。

層積雲 (→P54)

放射状は目の錯覚？

光芒は、空の上の方に向かって放射状に伸びているように見えます。これは目の錯覚で、平行な2本の線路が遠くで1つになったように見えるのと同じ、遠近法の効果です。

太陽や月を囲む光のリング
暈(かさ)

太陽や月のまわりに、角度が22度の円形に光のリングができます。色がついていて、虹とまちがえることもありますが、氷の雲粒がつくる現象で、暈(またはハロ)といいます。円形のリングは、特に日暈(内暈)といい、幻日なども暈(ハロ)の仲間です。

巻層雲(→P34)

高い空をうす雲がおおったとき、暈が見えてきた。

暈に出会う条件

うす雲(→P34)は、低気圧がやって来て天気が悪くなるときに出やすいです。だから、暈が見えたあとには、雨や雪が降ってくることが多いのです。

天気が悪くなりそうな空だね。

光のリングが幻想的だな。

な。

暈のでき方

高い空の雲は、氷の粒からできています。氷の粒が六角形の長い柱状の形になっていると、側面で太陽の光が屈折し、太陽や月から22度離れた場所に光のリングが見えます。

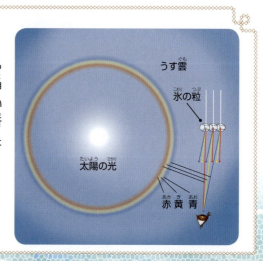

うす雲
氷の粒
太陽の光
赤 黄 青

太陽や月のまわりの虹色
光環

雲やもやなどが太陽や月をかくすと、美しい色がついた円盤状の輝きが見られることがあります。いくつかの色が、とてもあざやかに見えることもあります。

月のまわりに光環ができた。よく見ると2重になっている。

光環のでき方

太陽や月の前に水滴からできた雲があると、雲の粒によって色ごとにちがう角度で光が曲がり（回折し）、色づいた円盤の輝きができます。霧や花粉でもできることがあります。

光環に出会う条件

光環がよく見られるうろこ雲（→P30）は、天気が変わりやすいときに出やすく、空が澄んだ秋に見ることが多いです。霧でも見られますが、月のほうがわかりやすいです。

きれいに色が見られる円盤だね。

巨大なエネルギーをもつ雲のかたまり

台風

台風は、赤道に近い熱帯の海上で生まれた積乱雲の巨大なうずです。はじめは、暖かい空気が雲を巻き込みながら回転する熱帯低気圧で、最大風速が17.2m/s以上に成長すると台風と呼ばれます。

宇宙から撮影された、うずを巻く台風の雲。　　　画像：NASA

台風の成長

熱帯の海上では、強い日射しで海水温が上がって、水蒸気を含む激しい上昇気流が生まれます。そのため上空では積乱雲が発生し、水蒸気が雲粒に変わるときに生まれる熱をエネルギーにして、巨大な台風に成長していきます。

①暖まった空気が強い上昇気流となり、次々と上空に積乱雲ができる。

②周囲の雲が集まり、自転のはたらきでうずを巻くようになる。

③回転が速まり中心の気圧が低くなると、さらに雲を取り込んで成長する。

台風の正体

　台風の雲は、直径が数百〜1000kmで、厚さは15km程度の平たい円盤のような形をしています。中心には「台風の目」と呼ばれる部分があり、台風の勢いが強いほど目の形ははっきりしています。台風の雲は、自転のはたらきを受けて回転しながら移動していきます。

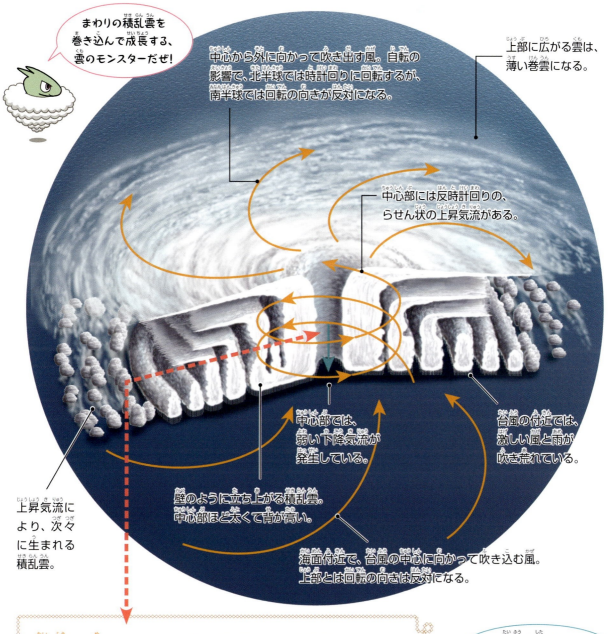

まわりの積乱雲を巻き込んで成長する、雲のモンスターだぜ！

中心から外に向かって吹き出す風。自転の影響で、北半球では時計回りに回転するが、南半球では回転の向きが反対になる。

上部に広がる雲は、薄い巻雲になる。

中心部には反時計回りの、らせん状の上昇気流がある。

中心部では、弱い下降気流が発生している。

台風の付近では、激しい風と雨が吹き荒れている。

上昇気流により、次々に生まれる積乱雲。

壁のように立ち上がる積乱雲。中心部ほど太くて背が高い。

海面付近で、台風の中心に向かって吹き込む風。上部とは回転の向きは反対になる。

台風の目

うずの回転によって強い遠心力が生まれ、穴があいたような「台風の目」ができます。目の中は風が入り込めないので静かで、雲も少なめです。

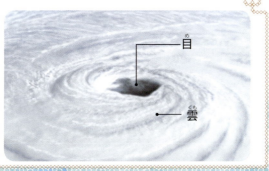

目

雲

台風の下では、すごい嵐になっているよ！

台風

台風が接近すると、低い灰色の積雲が次々と押し寄せて来る。大きな雲が来ると、にわか雨になる。

な。

不気味な雲だな。

台風が近づくと高い空に雲が広がり、低い空にも雲が流れて来る。

世界の台風が生まれる場所

台風は、赤道に近い熱帯の、海面水温が28℃以上になる海上で生まれます。ここでは、一年中強い太陽の光が照りつけ、エネルギーとなる水蒸気も供給されます。ただし、赤道直下では自転の関係で台風は発生しません。台風は一年中発生しますが、日本には夏から秋に多く近づきます。また、発生する場所によって呼び名がちがいます。

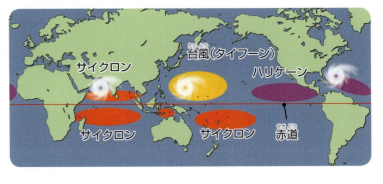

西日本がすっぽり隠れてしまいそうな大きさですわ！

2014年10月5日。
九州付近に接近した台風18号。
画像：NASA

台風時の雲の動き

1個の台風の寿命は、約5.3日です。台風は、上陸すると海から水蒸気を得ることができず、また地上との摩擦などで勢いが弱まり、熱帯低気圧や温帯低気圧に変わって、やがて消えます。2014年の大型の台風18号の動きを見てみましょう。

画像：日本気象協会　tenki.jp

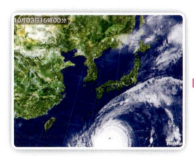

10月3日。台風が日本列島の南の海域にやってきた。

10月5日。台風は九州地方に上陸した。

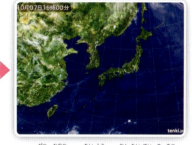

10月7日。台風は温帯低気圧に変わって北東に移動し、日本は晴天となった。

台風一過

台風が通り過ぎたあとに、「台風一過」と呼ばれるさわやかな晴天になることがあります。これは、台風のあとから乾いた空気をともなう高気圧がやって来るためです。

積雲（→P64）　巻積雲（→P30）

「台風一家」じゃないぜ！

台風が過ぎ去ったあとの空。空が青く雲は真白で、とてもきれいだ。

ギャラリー 台風

　台風の巨大な雲のうずは、宇宙からも観察することができます。宇宙から送られてくる画像は、台風を監視し、被害を防ぐためにも国境を越えて役立てられます。宇宙から見た迫力ある台風の姿を見てみましょう。

画像:NASA

2014年10月9日。日本に上陸した大型の台風19号。中心に、ぽっかりと穴のあいたような台風の目がはっきり見える。最大時には中心気圧900hPa（ヘクトパスカル）、最大風速は60m/sとなった。

最も強いときは宇宙からも、雲がうずを巻いているのがはっきりわかるね。

白いカーペットに、真っ黒い穴があいているみたいや。

2014年10月3日の台風18号。日本に接近するときは中心気圧935hPa（ヘクトパスカル）、最大風速50m/sとなった。巨大な雲がうずを巻いているのがわかる。

画像:NASA

積乱雲
(→P68)

積乱雲から生まれたドラゴン
竜巻

竜巻は、発達した積乱雲から生まれる空気のうずです。竜巻の直径はふつう数十〜数百mで、10分程で衰退しますが、その間に地上付近では猛烈な嵐が吹き荒れて被害をもたらすことがあります。

草原を移動する巨大な竜巻。筒のような雲のまわりには、激しい上昇気流が発生している。

ホントにドラゴンみたいだな。
こわいな。
な。

竜巻のでき方

竜巻は発達した積乱雲から生まれます。積乱雲の底からは、ろうと状の雲（ろうと雲）が垂れ下がるようにできて、やがて地表に到達します。竜巻のある場所は気圧が低く、地表では強い上昇気流が生まれて空気が吹き込み、地表の砂や物、海水などを巻き上げながら移動します。近くでは、大粒の雨やひょう(→P14)が降ります。

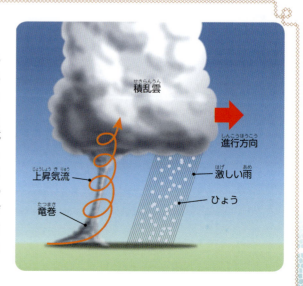
積乱雲
進行方向
上昇気流
激しい雨
竜巻
ひょう

スーパーセル

日本の竜巻は台風(→P120)や寒冷前線(→P19)をともなう積乱雲から生まれ、大規模なものになることはめったにありません。一方、北アメリカでは、「トルネード」と呼ばれる大規模な竜巻が数多く見られます。トルネードは、大きさが数十kmにもなる「スーパーセル」という1つの巨大な積乱雲から生まれます。スーパーセルは下降気流と上昇気流が別の場所にできるので、長い時間勢いを保ちます。

大規模な竜巻を生む巨大な積乱雲、スーパーセル。

化け物みたいな雲だぜ！

ダウンバースト

積乱雲から「ダウンバースト」という現象が起こることがあります。雲の下方から吹きおろした冷たい下降気流が地表にぶつかることで、水平に吹き出す強い風のため、飛行機が離発着するときに巻き込まれると、墜落することもあります。

ミスター・トルネード

気象学者の藤田哲也博士は、竜巻とダウンバーストの大きさの基準として広く用いられている「藤田スケール」を提案したことで知られる、世界的な竜巻の研究者です。その功績から、ミスター・トルネードと呼ばれていました。

藤田スケールは1971年に提案され、今でも使われていますわ。

まぶしい光と激しい雷鳴
雷(かみなり)

積乱雲の中にある氷の粒の摩擦で電気が生まれ、雲の上の方がプラス、下の方がマイナスになります。そして、空気の中を突然電気が流れるのが雷です。

空を走る稲妻、そして落ちる稲妻。雷にはいろいろな流れ方がある。空は紫色に光る。

雲の中で起きていること

積乱雲の中では、氷の粒が激しくぶつかり合って、電気が生まれています。小さな粒はプラスの電気をたくわえて上へ、大きな粒はマイナスの電気を帯びてそれより下の方へと分かれていきます。

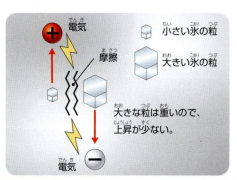

雲の中でプラスとマイナスに分かれるんだな。

だな。

落雷のしくみ

雷は、空気中を電気が流れる現象です。積乱雲の中で発生した電気が、地上に向かって流れる現象が落雷です。

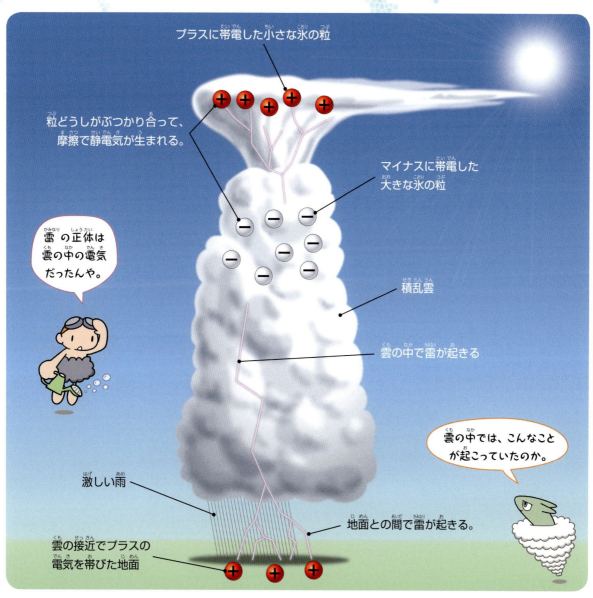

プラスに帯電した小さな氷の粒

粒どうしがぶつかり合って、摩擦で静電気が生まれる。

マイナスに帯電した大きな氷の粒

雷の正体は雲の中の電気だったんや。

積乱雲

雲の中で雷が起きる

雲の中では、こんなことが起こっていたのか。

激しい雨

地面との間で雷が起きる。

雲の接近でプラスの電気を帯びた地面

雷に出会うとき

積乱雲が発達し、空が暗くなってくると雷が近い証拠です。落雷の危険があるので、安全な建物の中に避難しましょう。音は十数km、光は100km以上も届きます。

雷を見るときは、安全な場所からだよ!

雷

積乱雲 (→P68)

積乱雲は高さが10kmを超えるような大きな雲で、上の方は氷の粒になっていく。

積乱雲 (→P68)

夜に雲の中で稲妻が流れると、こうして一瞬、雲が明るく光る。

確かに、音と光に時間の差が出ることがあるよね。

雷の音と光

光は1秒間に地球を7周半もするほど速く進みますが、音は1秒間に340m進むほどのスピードです。雷が遠いと、光が見えてから音が聞こえてくるまで時間がかかります。光ってから音が聞こえるまで3秒かかったとすると、雷との距離は約1kmとなります。

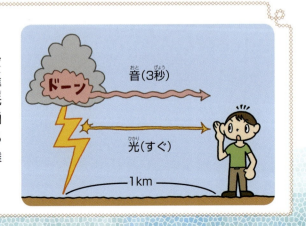

積乱雲
(→P68)

雨が降っている積乱雲から、稲妻がくねくね曲がりながら走った。（映像からの画像）

急にビカビカッと稲妻が光るから、こわいよねぇ。

積乱雲
(→P68)

稲妻は空を流れることが多いが、ときどきこうした落雷が起こる。（映像からの画像）

謎の光 "スプライト"

落雷と同時に、積乱雲のずっと上（高さ40〜90km付近）にも電気が流れることがあります。赤っぽい光が一瞬だけ光りますが、目ではほとんどわかりません。この発光現象は「スプライト」と呼ばれています。

はるか遠くの雷雲の上で、瞬間的に輝く不思議な光（白黒の映像から）。

コラム 気象観測最前線

毎日の生活に欠かせない天気予報。天気予報には、さまざまな方法で集められた気象観測データが使われます。データは、世界各地からも発信されています。データは気象庁に送られ、スーパーコンピュータで処理されます。気象庁による日本の気象観測の方法を見てみましょう。

気象衛星

世界各国から打ち上げられ、地球全体の主に雲のようすを観察しています。日本では気象衛星「ひまわり」が運用されています。

最新の設備を備えたひまわり8号、9号(2015年以降に運用)。

ラジオゾンデ

観測機器を気球につけて上空に飛ばし、地上から約30kmまでの気圧、気温、湿度、風向、風速などを観測します。国内の観測地点は16か所あります。

ラジオゾンデを飛ばす。

アメダス

無人の観測施設で、降水量、風向、風速、気温、日照時間、積雪の深さを各地で細かく観測します。国内に約1300か所あります。

アメダス観測所のひとつ。

ウィンドプロファイラ

地上から上空に向けて電波を発射して、反射して戻って来るようすから、上空の風向と風速を観測します。国内に33か所あります。

ウィンドプロファイラのひとつ。

気象レーダー

アンテナから電波を発射して、雨や雪に反射して戻って来るようすから半径数百kmの範囲内の雨や雪の強さを観測します。国内に20か所あります。

気象レーダー(上)と、内部(右)。

海洋気象観測船

2せきの観測船が、日本近海の海上から深海までの海水温や成分、海流などを観測します。また、海上の気温や波なども観測します。

海洋気象観測船、啓風丸。

天気予報ができるまで

毎日の生活に利用する正確な予報を発表するために、多くの観測データが集められ、それをもとにスーパーコンピュータで将来の空気の状態を予測した天気図をつくります。天気図と、観測データにもとづいてまとめた降水予報などの資料は、各気象台などに送られ、予報官が検討して天気予報を発表します。

数値予報

スーパーコンピュータでは、風や気温など時間ごとの変化を計算して、将来の状態を予測します。これを数値予報といいます。地球を規則正しく並んだ細かい格子でおおい、ひとつひとつの気圧や気温など観測データから複雑な計算をして、空気の変化を予測していく方法です。

観測
さまざまな気象観測が行われ、観測データが気象庁に集められます。

データ解析
スーパーコンピュータで、観測データをくわしく調べて天気図をつくります。また、データをまとめて資料をつくります。

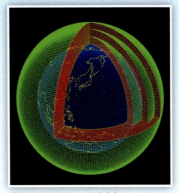
格子でおおわれた地球の数値予報モデル。

予報作成
気象庁から送られた天気図と資料をもとに、予報官や気象予報士が天気予報を作成します。

予報発表
作成された天気予報が、テレビや新聞などの報道機関や、鉄道、船などの交通機関などで利用されます。

天気予報は、コンピュータと人の力を合わせてつくられるんだな。

進化する天気予報

正確な天気予報は、気象災害を防いで安全な暮らしを守ることにつながります。より正確な観測データを得るために、気象観測の技術は、目覚ましい進化をとげています。

高解像度ナウキャスト
短い間隔で降水量や強さを細かく予測して発表する。急激な天気の変化に役立つ。

高解像度ナウキャストの画像。

雷監視システム
雷の放電を受信して、雷が発生する可能性や激しさなどの情報や予測をつくる。

雷監視システム。

XバンドMPレーダ
国土交通省が進めている気象レーダーで、雨の降り方を細かく観測して集中豪雨などに備える。

XバンドMPレーダアンテナ。
画像：気象庁、国土交通省

チャレンジ 天気図を読む

天気のようすを図にまとめたものを、天気図といいます。気象庁では、さまざまな気象観測データを集めて、それをもとに天気図を作成しています。天気図には、地上天気図、高層天気図などの種類があります。天気図はテレビや新聞などでも見ることができ、人びとの生活に役立っています。

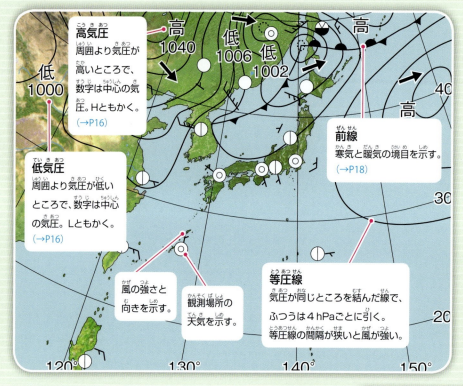

もっともよく目にする地上天気図の例。各地の天気や風の強さ、風向き、温度気圧などが記されている。

高気圧
周囲より気圧が高いところで、数字は中心の気圧。Hともかく。
(→P16)

低気圧
周囲より気圧が低いところで、数字は中心の気圧。Lともかく。
(→P16)

前線
寒気と暖気の境目を示す。
(→P18)

風の強さと向きを示す。

観測場所の天気を示す。

等圧線
気圧が同じところを結んだ線で、ふつうは4hPaごとに引く。等圧線の間隔が狭いと風が強い。

どの天気図も、気象庁のデータがもとになっているのですわ。

天気図の記号

天気図には、いろいろな記号が使われています。記号の意味を覚えれば、天気図が伝えるいろいろな情報を読み取ることができるようになります。

天気記号
観測の地点の天気を示します。天気は人間の目で確認します。

記号	意味	記号	意味	記号	意味
○	快晴	⊗	雪	⊙	霧
◐	晴れ	✴	雪強し	◐	みぞれ
◎	くもり	✴₋	にわか雪	⊜	煙霧
●	雨	▲	あられ	⊘	ちり煙霧
●₋	雨強し	▲	ひょう	⊕	砂じん嵐
●ₖ	霧雨	◐	雷	⊕	地ふぶき
●₋	にわか雨	◐	雷強し	⊗	不明

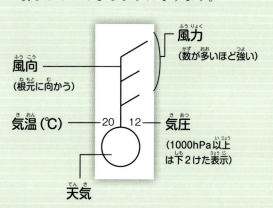

風力
風の強さを段階的に示す記号で、天気の記号の外側についています。

風力	0	1	2	3	4	5
記号	○	⊦	⊦	⊦	⊦	⊦
風速(m/s)	0.0〜0.2	0.3〜1.5	1.6〜3.3	3.4〜5.4	5.5〜7.9	8.0〜10.7
6	7	8	9	10	11	12
⊦	⊦	⊦	⊦	⊦	⊦	⊦
10.8〜13.8	13.9〜17.1	17.2〜20.7	20.8〜24.4	24.5〜28.4	28.5〜32.6	32.7以上

気象衛星画像

気象衛星画像は、世界各国で打ち上げた人工衛星が、宇宙から地球の雲の動きなどを観測・撮影した画像です。雲の分布や変化、晴れの範囲などを追跡できるので、天気を予測するのに欠かせない重要な情報です。

3種類の気象衛星画像

気象衛星画像には、赤外画像、可視画像、水蒸気画像の3種類があり、それぞれの画像で写り方もちがいます。

ぜんぜん、見え方がちがうね。これらの画像も、天気図づくりに役立っているのさ。

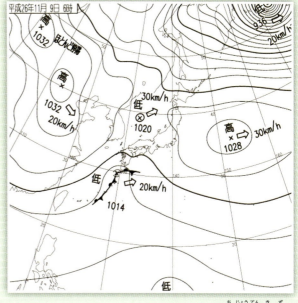

このときの地上天気図。

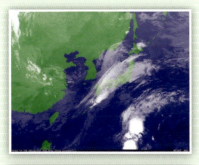

赤外画像

地表面や雲から出ている赤外線を観測した画像。赤外線の強さは雲の温度によって変化し、高い空にあって温度が低い雲は、より白く写ります。夜でも写ります。

あまり低い雲や霧は写らないんだよ。

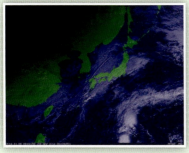

可視画像

雲や地表面に当たって反射した、太陽の光を観測した画像。厚みのある雲ほど白く写ります。大気の状態がわかりやすいのですが、太陽の光が届かない夜は写りません。

ふつうの写真とほぼ同じ画像だぜ。

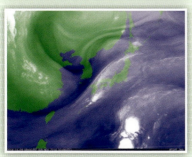

水蒸気画像

上空の水蒸気量を観察した画像。赤外画像の一種で、水蒸気量の多いところが白く写ります。目に見えない水蒸気量がわかるので、空気の流れや雲の発達の予測に役立ちます。

乾燥している部分は、濃く写るんだな。

な。

チャレンジ 天気図をかいてみよう

　天気図が読めるようになったら、自分で天気図をかいてみましょう。最初はむずかしくても、ルールを覚えればスムーズにかけるようになります。自分で天気図をかいて天気の変化を予測するのは、生活に役立つだけでなく、天気が身近に感じられて楽しいものです。

必要な道具

天気図：書店で買える。データを記入する欄のあるNo.1がべんり。
ラジオ：天気図に必要な情報は、ラジオの気象通報（16時）で放送される。
えんぴつ、消しゴム

録音しておくと、あとで聞き返すのにべんりだよ。

天気図用紙

　天気図に記入することがらには、各地の天気や気圧、気温などの数値や、風向・風力、高気圧や低気圧（台風）などがあります。前線などもかき加えます。また、気圧が同じ地点を結んで等圧線を引きます。

A 地図内の観測地点のデータを記入する欄。ラジオ用天気図No.2には、この欄がない。

B データを記入する観測地点が載っている日本周辺の地図。

前線などを記入する

各地の天気
石垣島から富士山まで順番に、地名、風向、風力、天気、気圧、気温が読み上げられる。

風向
アルファベットやカタカナなどで風向を記入する。

気圧
下2けたを記入する。
（例：1010なら10）

漁業気象
高気圧や低気圧、前線の情報や気圧、台風など、また主な等圧線の位置が放送されるので記入する。

船舶の報告
船舶から報告される海上の観測データ。北緯と東経を記入する。

等圧線を記入する。

高気圧や低気圧を記入する。

※この天気図はイメージです。

記入のしかた

ラジオの気象通報で読み上げられた数値などを観測地点に記入して、高気圧や低気圧（台風）をかき入れ、前線や等圧線などを加えれば完成です。ここでは、No.1 を使ってチャレンジしましょう。

ラジオ放送
NHK第二放送で、1日1回気象通報が放送されます。気象庁のホームページでも、過去1週間分の放送内容を見ることができます。

もしとちゅうを聞きのがしても、気にしないで進めてね。

❶ 観測データを記入しよう

①各地の天気、②船舶の報告、③漁業気象の順に読み上げられる観測データを、Aの欄に記入していきます。北西を「ホセ」とするなど簡単にするルールを決めてもよいでしょう。

慣れたら、だんだん速くかけるようになるぜ。

❷ 天気図にかき込もう

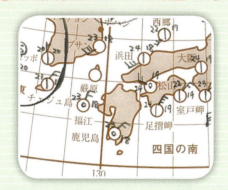

Aに記入したデータをもとに、気象情報を地上天気図Bに、天気記号などを使ってかき加えていきましょう。もし聞きもらした部分があっても、気にせず進めましょう。高気圧や低気圧（台風）、前線などの位置のデータも加えます。

天気記号の出番だね！

❸ 等圧線をかき込んで完成！

等圧線は、気圧の数値が同じ場所を4hPaごとに結んで線を引きます。数値がわからない海上などは、だいたいの見当でなめらかな線になるようにします。等圧線は交わったり、とちゅうで切れたりしないようにします。20hPaごとに太く書くと見やすいです。

チャレンジ 雲の写真を撮ってみよう

おもしろい形の雲、美しい雲、不思議な雲。そんな雲に出会ったら、カメラで雲の写真を撮ってみましょう。

空の表情はくるくる変わっておもしろいですわ。

山の向こうから巨人が顔を出したような光景を写した。

いつもカメラを持ち歩こう

いろいろな種類のカメラがありますが、気軽に持ち歩けるコンパクトカメラでも、良い写真が撮れます。撮りたいと思ったときにすぐ取り出せると、決定的瞬間をのがしません。

広い空を撮るには、広角レンズを備えたカメラがいいぜ。

デジタルカメラ
操作が簡単なコンパクトカメラから、本格的な一眼レフカメラまで、さまざまな種類があります。

やや暗いときは、手ぶれしないように、一脚や三脚を使ってカメラを固定するといいよ。

携帯電話
携帯電話やスマートフォンでも、十分に写真を撮れます。

注意！
カメラを通して太陽を見てはいけません。太陽を直接見なくても、
目をいためる危険があるので、太陽の方向には注意しましょう。

構図をくふうしよう

迫力のある雲だけを画面に入れるのも良いでしょう。でも、建物などほかの景色も入れると位置や大きさがよくわかり、迫力のある写真になります。

風景が入ることで、状況がよりわかりやすくなる。

時間を変えてみよう

同じ空を観察する定点観測は、とてもおもしろいものです。どんどん変化をするようすを楽しみましょう。

太陽が沈んですぐは、明るく白っぽい。

雲がだんだん黄色になってきた。

雲が赤く染まって夕焼けが終わった。

ステップアップしてみよう

たいていのカメラは、露出が自動に設定されていますが、露出を調整できる機種もあります。自分で露出を決めて撮影してみましょう。

露出が足りない（露出アンダー）と、暗めの写真になる。

露出が多い（露出オーバー）と、白っぽい写真になる。

写真の印象がちがってみえるんや。

コラム 歴史の中の空模様

長い歴史の中で、さまざまな出来事が起きています。なかには、そのときの天気と深い関わりのある出来事もあったでしょう。天気は、その出来事にどんな影響を与えたのでしょうか。

ケース1 第18回夏季オリンピック 東京大会開会式（1964年10月10日）

秋晴れに恵まれた祭典

1964年10月、東京でアジア地域初となるオリンピックが開催されました。開催期間は10日〜24日の2週間。10月10日、東京都新宿区の国立霞ヶ丘陸上競技場で行われた初日の開会式では、それまでで最高となる93の国と地域の選手団が入場行進し、多くの観衆の歓声と拍手が響き渡りました。

開会式のようす。

開会式の前日までは、低気圧の影響で断続的に雨が降り続いている状態でした。でも、開会式の当日は、西からの移動性高気圧におおわれて快晴となりました。オリンピックの日程を決めるには天候も重要な要素で、気象庁の統計や観測記録なども参考にして検討されました。

1964年10月10日の天気図
画像：気象庁

特異日ってなに？

1年のうちで、晴れや雨など特定の天気になる確率の高い日を「特異日」といいます。11月3日が晴れの特異日というのは有名です。特異日は統計的なもので、科学的な根拠ははっきりとはわかっていません。また、以前はそうでも、今では変わってきている場合もあります。ちなみに、1964年の東京オリンピックの開会式が行われた10月10日は、特に晴れの特異日というわけではありませんが、晴れやすい時期でした。

条件がちがうから、地方によっても特異日は変わるんや。

ケース2　関東大震災（1923年9月1日）

首都を直撃した巨大地震

1923年9月1日午前11時58分、相模湾を震源としたマグニチュード7.9、最大震度6から7という巨大地震が発生し、関東一帯が激しい揺れに襲われました。大規模な火災が起こり、火災による上昇気流で発生した高温の突風（火災旋風）も被害を大きくしました。相模湾を中心に大きな津波も観測され、多くの死傷者を出す大惨事となりました。

関東大震災でくずれ落ちた街の建物。

前日（8月31日）の天気図。九州付近の台風は翌日に能登半島付近に移動したと思われる。
画像：気象庁

9月1日の朝、能登半島付近に弱い台風があり、昼頃には北東の方向に進んでいました。そのため、地震の発生時には関東地方に秒速10mほどの強い南よりの風が吹いていました。台風の影響を受けた強風と火災が起こした強い突風（火災旋風）により、被害は広がっていったと考えられています。

台風も被害を大きくする原因になったのか。

ケース3　川中島の戦い（1561年10月28日（現暦））

霧に包まれた合戦

川中島の合戦は、戦国時代に上杉謙信と武田信玄の両軍が、長野県の犀川と千曲川の合流点付近の川中島で何度も激突した有名な戦いです。激戦となった1561年9月10日（現10月28日）の朝は、足元も見えない濃い朝霧に包まれていました。もともと霧が発生しやすい条件の場所に、放射霧と蒸発霧が重なり濃い霧となったのです（→P20）。

霧の川中島。

さくいん

あ

朝焼け　33, **102**, 103, 104, 105
暖かい雨　15
あま雲　24, **48**
雨粒　14
アメダス　132
あられ　15
移動性高気圧　18
移流霧　21
いわし雲　30
ウィンドプロファイラ　132
うず笠　85
うす雲　24, **34**
うね雲　24, **54**
海霧　21
うろこ雲　24, **30**
雲海　54, **78**, 103
液体　10
XバンドMPレーダ　133
えんとう　87
オーロラ　99
小笠原気団　18
オホーツク海気団　18
オホーツク海高気圧　18
おぼろ雲　24, **44**
温帯低気圧　**17**, 123
温暖高気圧　17
温暖前線　13, **19**, 49

か

かいまき笠　85
海洋気象観測船　132
核　**10**, 12, 98
下降気流　16
傘　37, 47, **118**
笠雲　**84**, 87
可視画像　135
かすみ　22
下層雲　24
滑昇霧　21
かなとこ雲　68
雷　68, **128**, 130, 133
雷監視システム　133
雷雲　8, **68**
過冷却　15
川中島の戦い　141
寒気団　18
観天望気　85
関東大震災　141
寒冷前線　13, **19**
寒冷高気圧　17
気圧　12, **16**, 134, 136
気温　134
気象衛星　132
気象衛星画像　135
気象観測　132
気象通報　136, 137
気象庁　132, 134
気象レーダー　132
気体　10
気団　18
漁業気象　136
極成層圏雲　99
局地的豪雨　76
霧　14, **20**, 58, 60, 61, 78, 80, 111
きり雲　24, **58**, 61
金星　97
雲粒　8, 10, 12, 14
くもり雲　54
携帯電話　138
ゲリラ豪雨　51, **76**
巻雲　24, **26**, 28, 39, 89, 100, 104, 105, 115
幻月　115
幻日　**114**, 118
巻積雲　24, **30**, 32, 43, 73, 82, 88, 89, 100, 103, 105, 112, 113
巻層雲　24, **34**, 36, 52, 53, 100, 102, 103, 104, 118

高解像度ナウキャスト　133
光環　112, 119
高気圧　**16**, 17, 134
高積雲　24, **40**, 42, 53, 57, 63, 72, 73, 83, 84, 85, 86, 87, 99, 107
高層雲　24, **44**, 46
光芒　116
氷　10
氷の雲粒　9, 10, 15
極成層圏雲（真珠母雲）　99
固体　10
混合霧　21

さ

彩雲　82, 99, **112**
さば雲　31, 42
シベリア気団　18
シベリア高気圧　17, **18**
10種雲形　24
蒸気霧　21
上昇気流　**12**, 13, 14, 16
上層雲　24
蒸発霧　**21**, 141
消滅飛行機雲　91
白い虹　110
人工降雨装置　95
人工の雲　94
水蒸気　**10**, 12, 14, 20, 21, 93, 120
水蒸気画像　135
数値予報　133
スーパーコンピュータ　132, 133
スーパーセル　127
頭巾雲　70
すじ雲　24, **26**
スプライト　131
スモッグ　22
星雲　97
星団　97